셰프아빠와 닥터아빠가 알려주는 맞춤형 유아식

세상 편한 유아식판식

박현규·이진원 지음

베가북스
VegaBooks

프롤로그

이 책은 동갑내기 딸을 가진 동갑내기 아빠들의 콜라보입니다.

아이를 키우다 보면 가장 궁금한 것 중 하나가 바로 먹는 것인데요. 무엇을 먹여야, 또 어떻게 먹여야 건강하게 잘 자랄지 궁금하지 않을 수가 없습니다. 이러한 부분에 대해 궁금한 건 엄마들뿐만 아니라 아빠들도 마찬가지입니다. 이야기를 나누다 보니 서로 이런 부분을 함께 해소할 수 있을 것 같다는 생각이 들어 유아식 프로젝트를 시작하게 되었습니다.

옛날 고려, 조선시대에는 궁중의 음식 조리를 관장하던 식의가 있었다고 합니다. 식의는 약을 쓰기 전에 먼저 음식으로 치료하고, 그것이 안 될 때 약을 사용하여 약의 부작용으로 인한 피해를 줄였다고 합니다. 이 책 역시 상황에 따라 아이의 건강에 도움이 되도록 식의의 마음가짐을 가지고 꾸몄습니다. 물론 상황별로 아이에게 유익한 식재료를 이용하여 유아식을 만들어 먹인다고 해서 단번에 질병이나 식습관을 치료할 수는 없을 것입니다. 하지만 상황에 맞는 건강한 식생활로 아이들의 면역력을 강화시키고 질병을 예방할 수는 있답니다.

상황에 따라 작게라도 증상에 도움을 줄 수 있는 식재료를 선별하여 요리 초보자들이 간단하면서도 맛있게 만들 수 있는 유아식 레시피와 솔루션을 제공하기 위해 노력하였습니다.
아이가 건강하게 자라길 바라는 아빠의 마음으로 만든 이 책이 많은 분들에게 작게라도 도움이 되었으면 하는 바람입니다. 자, 그럼 시작해볼까요?

목차

7. 잠을 잘 자게 해주는 식판

8. 식욕이 없는 아이를 위한 식판

Part.1

들어가기에
앞서

유아식판식을 시작하며

아이 밥을 만들어주는 대다수 부모님들이 뭘 어떻게 먹여야 할지 많은 고민을 합니다. 이 책에서는 그 고민을 조금이라도 덜어드리기 위해 식판 구성하는 방법부터 육아를 하다보면 궁금하거나 나타나는 상황별로 도움을 줄 수 있는 우리아이 맞춤 식판들에 대해 이야기해 볼까 합니다. 그리고 아이가 좋아하는 간식까지 각기 다른 우리아이들을 위해 꼭 필요한 식판을 구성하였고, 각각의 식판에 들어있는 음식들은 일상에서 쉽게 구할 수 있는 재료들을 이용하여 아이가 좋아하고 잘 먹을 수 있는 레시피로 완성했습니다.

기본양념

이 책은 이유식을 끝내고 유아식을 먹기 시작할 시점인 생후 15개월부터 72개월까지의 유아들이 맛있게 먹을 수 있는 요리를 담았습니다. 레시피는 연령이 어린 아이들을 위해 간을 최소화했으며 재료 본연의 맛을 살리기 위해 노력했습니다. 간을 너무 일찍 접한 아이들은 점점 강하고 자극적인 맛을 찾게 됩니다. 물론 소금이나 설탕을 무조건 거부하실 필요는 없겠지만 돌이 갓 지난 아이라면 최대한 간을 늦추는게 좋겠죠? 하지만 연령이 높은 아이들에게는 입맛에 맞춰 책에 나오는 양념에서 조금씩 가감해주면 됩니다. 유아식에 사용할 양념을 시중에서 구입할 때는 베이비용 라인으로 구입하는 게 좋습니다.

식판 고르기

식판은 여러 재질이 있지만 가능한 스테인리스, 실리콘, 플라스틱 제품이 좋습니다. 도자기나 유리는 무겁고 깨질 위험이 있으니 피하는 게 좋죠. 식판이 여러 개 있으면 세척이 쉬울뿐더러 더욱 깨끗한 관리가 가능하니 참고하세요. 그리고 식판의 칸수가 무조건 많다고 좋은 건 아니랍니다. 알차게 담을 수 있는 식판으로 골라주세요.

계량 방법

이 책에 나오는 레시피들은 티스푼(5ml), 밥숟가락(15ml), 종이컵(180ml)을 계량 기준으로 하였습니다. 물론 계량스푼, 계량컵, 저울이 있으면 좋겠지만 굳이 필요하지는 않습니다. 집에 있는 도구로도 충분히 맛있는 요리를 만들 수 있으니까요. 스푼이나 종이컵으로 잴 수 없는 육류나 채소 같은 경우는 한손으로 쥐었을 때 손안에 들어오는 1줌, 0.5줌으로 계량하여 저울이 없어도 책을 보면서 편하게 요리할 수 있도록 하였습니다.

종이컵 계량

1컵 (종이컵 가득 채워주세요.)
0.5컵 (종이컵 절반으로 채워주세요.)

숟가락 계량1컵

1큰술 (밥숟가락 가득하게 채워주세요.)
1작은술 (티스푼 가득 채워주세요.)

손 계량

1줌 (손바닥 가득 움켜쥐어요)
0.5줌 (손가락을 오므려 1줌의 반을 움켜쥐어요)

영양에 맞춰
식판 구성하기

우리 아이에게 필요한 영양소는 크게 탄수화물, 단백질, 비타민, 무기질, 지방으로 분류할 수 있습니다. 이 다섯 가지 영양소 중 하나라도 결핍되면 아이의 성장에 문제가 생기죠. 아래 표는 기존의 영양소 분류보다 이해하기 쉽고, 아이의 성장에 도움을 줄 수 있도록 약간 변형해 본 것입니다. 식단을 짤 때 표를 참고해서 영양소 중에 놓치는 게 없는지 한 번 더 고민해본다면 굉장히 좋겠죠? 아이의 식단뿐만 아니라 어른 식단에도 마찬가지로 응용하면 좋습니다. 하지만 자꾸 까먹게 되는 게 사실이죠. 그럴 때를 대비해 냉장고에 메모를 해두면 유용하게 사용할 수 있답니다.

탄수화물	밥, 빵, 고구마, 감자, 파스타, 국수, 떡 등
단백질	각종 육류, 어류, 콩, 두부, 버섯, 달걀 등
채소	시금치, 콩나물, 무, 우엉, 당근 등
과일	사과, 딸기, 배, 포도, 수박, 블루베리 등
유제품	요구르트, 치즈, 우유 등

이뿐만이 아니라 꼭 기억해 둬야 할 게 있는데요. 바로 물입니다. 물은 혈액 내 영양소를 운반하고 노폐물 배설에 도움을 주는 모든 조직의 기본 성분이죠. 아침에 일어나 아이와 함께 물 한 잔을 마시면서 하루를 시작하는 습관을 만들어보세요. 그리고 마지막으로 놓쳐서는 안 될게 하나 더 있는데요. 바로 신체 활동이랍니다. 성장에 꼭 필요한 신체 활동도 잊지 마세요.

얼마나
먹어야 할까요?

* 아래는 평균 가이드라인입니다. 참고 후 활용해 보세요!

36개월 ~ 59개월

밥	1주걱 약90g
국	1.5 국자
고기 반찬	2 숟가락 가득 약60g
채소 반찬	2 숟가락 약60g

60개월 ~ 84개월

밥	1.5 주걱 약130g
국	2 국자
고기 반찬	2.5 숟가락 가득 약75g
채소 반찬	2.5 숟가락 약75g

연령별·체중별 섭취 적정 칼로리 계산

	영아		유아		남자	여자
연령	0~5개월	6~11개월	1~2세	3~5세	6~8세	6~8세
신장	60.3	72.2	86.1	107	122.2	121
체중	6.2	8.9	12.2	17.2	25	24.6
필요 칼로리	570	720	1,180	1,400	1,600	1,500

간식은 얼마만큼 챙겨줘야 할까요?

간식의 경우 15개월부터 84개월까지 모두 동일하게 먹일 수 있답니다. 아래의 내용을 참고해주세요. 물론 아이들의 기호에 따라 더 주셔도 무관합니다. 하지만 지나치게 많은 양의 간식은 다음 식사에 문제를 일으킬 수 있으니 유의해주세요.

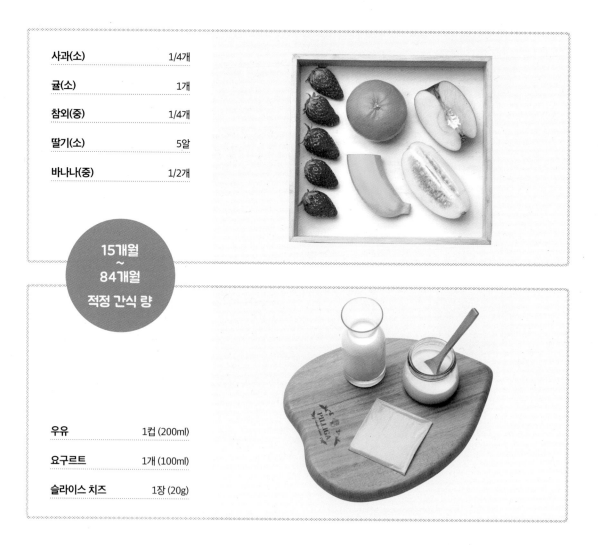

사과(소)	1/4개
귤(소)	1개
참외(중)	1/4개
딸기(소)	5알
바나나(중)	1/2개

15개월 ~ 84개월 적정 간식 량

우유	1컵 (200ml)
요구르트	1개 (100ml)
슬라이스 치즈	1장 (20g)

간식을 주실 때는 과일에서 한 종류, 유제품에서 한 종류를 선택하시면 된답니다. 예를 들면 딸기(소) 5알, 요구르트 1개를 같이 주고 바나나(중) 1/2개 , 우유 1컵 (200ml)를 함께 주는 거죠. 적절하게 냉장고를 보면서 믹스하시면 되겠죠?

Q. 끼니마다 국이 필요한가요?

A. 국에는 필요 이상의 나트륨이 많이 함유되어 있어 저는 많이 배제하는 편이에요. 하지만 밥을 잘 안 먹는 아이에겐 국만 한 것도 없죠. 소금으로 간을 최소화하고 육수 베이스를 이용하여 요리해주세요.

Q. 고기를 잘 안 먹어요. 어떻게 하면 좋을까요?

A. 다양한 조리법을 이용하여 고기를 자주 접하게 해주는 방법이 가장 좋답니다. 고기를 다지거나 연한 고기를 주시고, 고기 자체를 싫어하는 아이라면 아이가 좋아하는 소스와 곁들여 주세요.

Q. 채소를 잘 안 먹어요. 어떻게 하면 좋을까요?

A. 채소에는 비타민, 미네랄, 섬유질은 물론 다양한 파이토케미컬(과일과 야채에 함유된 천연 생체 활성화합물질)이 함유되어 있답니다. 아이가 좋아하는 음식 속에 다져서 넣거나 다양한 조리법을 시도해보세요.

Q. 알레르기 있는 식재료는 어떻게 해야 할까요?

A. 알레르기가 의심된다면 일단 병원에 가서 원인을 찾아야 해요. 알레르기에 대한 가장 적극적인 대응법은 알레르기를 일으키는 음식을 피하는 것에서 시작하기 때문이죠. 문제의 원인이 되는 음식은 피해주세요.

Q. 싫어하는 식재료 먹이는 좋은 방법이 있을까요?

A. 싫어하는 식재료를 계속 먹기를 권유하면 오히려 더 싫어하게 되는 악순환이 찾아올 수 있어요. 시간을 넉넉히 갖고 조금씩 단계를 밟아가는 게 좋은데요. 식재료에 친근감이 생기도록 하는 것이 가장 중요답니다.

Q. 반찬은 매 끼니마다 만들어야 하나요?

A. 연령이 어린 친구들은 매끼니 반찬을 만들어주면 좋지만 그게 어디 말처럼 쉽나요. 위생적으로 보관이 가능하다면 밑반찬은 주말에 만들어 두시고 메인 반찬 정도만 끼니마다 만들어 적절하게 섞어 활용하시면 된답니다.

Q. 재료 선택은 어떤 기준으로 해야 하나요?

A. 요즘은 식재료에 신경을 많이 써야 합니다. 저는 수입 콩 제품은 꼭 피하고, 달걀은 자연 방사 유정란으로, 그리고 최대한 제철 식재료를 선택합니다. 몇 가지 원칙을 지키는 것만으로도 건강한 밥상이 됩니다.

Q. 간은 어느 정도로 해야 하나요?

A. 성인이 먹었을 때 약간 심심하다 할 정도로 해주시는 게 좋답니다. 하지만 연령이 점점 높아지는데 계속 같은 간이면 아이가 밥을 잘 안 먹을 수도 있답니다. 그럴 땐 양념을 조금씩 조절해가며 아이의 입맛에 맞춰주세요.

Part.2

기본
레시피

따끈따끈 맛있는 밥 짓기

김이 모락모락 피어오르는 따끈따끈한 밥을 상상해보세요. 어때요?

침이 꼴깍 넘어가지 않나요? 하유도 따끈따끈한 갓 지은 밥을 굉장히 좋아해요.

어떻게 하면 맛있는 밥을 만들 수 있는지 알려드릴게요.

사실 밥을 지을 때 가장 쉬운 방법은 컵을 이용하는 거예요.

쌀과 물의 양을 똑같이 하는 거죠. 1:1 비율이 가장 맛있는 밥을 만들어준답니다.

압력밥솥, 냄비, 전기밥솥 모두 동일해요.

쌀 1컵이라면 물도 1컵, 쌀 2컵이라면 물도 2컵. 어때요? 굉장히 쉽죠?

흰쌀밥		
재료	쌀 2컵, 물 2컵	
레시피	1. 쌀은 찬물에 여러 번 씻어주세요.	
	2. 물을 받고 30분 정도 불려주세요.	
	3. 쌀과 물의 비율을 1:1로 해서 밥을 지어주세요.	

닥터아빠의 Tip!
쌀은 아직 소화기가 튼튼하게 자라지 못한 아이들에게 아주 좋은 재료랍니다.

잡곡밥		
재료	쌀 2컵, 잡곡 0.5컵, 물 2.5컵	
레시피	1. 쌀은 찬물에 여러 번 씻어 30분 정도 불려주세요.	
	2. 잡곡도 쌀처럼 여러 번 씻어 1시간 이상 불려주세요.	
	3. 합친 쌀, 잡곡과 물의 비율을 1:1로 해서 밥을 지어주세요.	

닥터아빠의 Tip!
잡곡은 소화가 잘 안 되는 편이지만 다양한 영양소를 섭취할 수 있습니다.

현미밥		
재료	쌀 2컵, 현미 0.5컵, 물 2.5컵	
레시피	1. 쌀은 찬물에 여러 번 씻어 30분 정도 불려주세요.	
	2. 현미도 쌀처럼 여러 번 씻어 1~2시간 이상 불려주세요.	
	3. 합친 쌀, 현미와 물의 비율을 1:1로 해서 밥을 지어주세요.	

닥터아빠의 Tip!
현미에는 비타민, 칼슘, 인, 단백질, 섬유질 등 다양한 영양소가 풍부하게 들어 있어요.

좁쌀밥		
재료	쌀 2컵, 좁쌀 0.3컵, 물 2.3컵	
레시피	1. 쌀은 찬물에 여러 번 씻어 30분 정도 불려주세요.	
	2. 좁쌀도 쌀처럼 여러 번 씻어 1시간 이상 불려주세요.	
	3. 합친 쌀, 좁쌀과 물의 비율을 1:1로 해서 밥을 지어주세요.	

닥터아빠의 Tip!
좁쌀은 미열을 낮춰주고 설사를 멎게 해 아이가 아플 경우 좁쌀죽을 만들어주시면 좋습니다.

검은콩밥		
재료	쌀 2컵, 검은콩 0.3컵, 물 2.5컵	
레시피	1. 쌀과 검은콩을 찬물에 여러 번 씻어주세요.	
	2. 검은콩은 2시간 이상, 쌀은 30분 정도 불려주세요.	
	3. 쌀, 검은콩과 물의 비율은 1:1로 넣어주세요.	

닥터아빠의 Tip!
검은콩은 단백질과 식이섬유가 풍부해 배변 활동을 도와줘 변비에 유익한 식품입니다.

감칠맛 나는 육수 만들기

아이 반찬과 국은 간을 약하게 해야 하기 때문에 맛있게 만들기가 굉장히 어려워요.
이럴 때 만능 육수를 사용하시면 별다른 조미료 없이도 충분히 맛있는 요리를 만들 수 있답니다.
가장 많이 사용하는 멸치다시마 육수와 치킨 스톡, 비프 스톡을 만드는 방법을 배워 볼까요?
육수는 한 번에 많은 양을 만들어 밀폐용기에 담아
냉장보관 또는 냉동보관하면 편리하게 사용할 수 있답니다.

* 유통기한 냉장 보관 : 2~3일   * 냉동 보관 : 2~3주

멸치다시마 육수

재료	국물용 멸치 한 줌, 다시마 4조각(5x5cm), 물 5컵
레시피	1. 멸치는 머리와 내장을 제거하고 기름 없이 달군 팬에 살짝 볶아 비린내를 날려주세요. 2. 냄비에 물을 붓고 볶음 멸치와 다시마를 넣어주세요. 3. 강불에서 끓어오르면 약불로 줄여 10분간 은은하게 더 끓여주세요. 4. 육수 위에 떠 있는 거품과 불순물은 걷어내주세요. 5. 면포로 건더기를 걸러내서 깨끗한 국물만 사용하세요.

셰프아빠의 Tip!

멸치는 너무 오래 끓이면 쓴맛이 우러나 맛이 깔끔해지지 않을 수 있으니 주의해주세요. 그리고 취향에 따라 말린 표고버섯, 마늘, 무, 북어, 마른 새우를 넣어주시면 더욱 감칠맛 나는 육수를 완성할 수 있답니다.

치킨 스톡

재료	닭고기 3~4조각, 마늘 2~3개, 대파 5cm 2개 양파 1/2개, 무 1/3개, 물 5컵
레시피	1. 냄비에 모든 재료를 넣고 끓여주세요. 2. 강불에서 끓어오르면 약불로 줄여 30분간 은은하게 끓여주세요. 3. 육수 위에 떠 있는 거품과 불순물은 걷어내주세요. 4. 면포로 건더기를 걸러 깨끗한 국물만 사용하세요.

셰프아빠의 Tip!

평소에 잘 먹지 않는 닭 목뼈나 갈비뼈를 냉동해두었다가 닭육수를 만들면 좋아요. 그리고 너무 어린 연령이 아닐 경우에는 시중에 판매하는 치킨 스톡 제품을 사용하면 더욱 간편하게 요리를 할 수 있답니다.

비프 스톡

재료	소고기 안심 300g, 마늘 2~3개, 대파 5cm 2개 양파 1/2개, 무 1/3개, 통후추 1티스푼, 물 5컵
레시피	1. 냄비에 모든 재료를 넣고 끓여주세요. 2. 강불에서 끓어오르면 약불로 줄여 30분간 은은하게 끓여주세요. 3. 육수 위에 떠 있는 거품과 불순물은 걷어 내주세요. 3. 면포로 건더기를 걸러내서 깨끗한 국물만 사용하세요.

셰프아빠의 Tip!

너무 어린 연령의 아이가 아니라면 시중에 판매하는 비프 스톡 제품을 사용하여 간편하게 요리하실 수 있습니다.

한 그릇 뚝딱 밥도둑
아기 김치 만들기

아내랑 저랑 김치 먹는 모습을 보고 호기심이 생겼는지 하유는 김치에 관심이 많더라고요.

그런데 성인 김치를 그대로 먹이기에는 너무 맵고, 나트륨이 많을 거 같아

아기 김치를 만들어줬더니 너무 질 먹는 거 있죠.

요즘은 아기용 김치도 따로 나오는 회사가 많더라고요.

직접 만들기 부담스러우면 한두 가지 구매해서 주는 방법도 좋은 거 같아요.

사실 김치 만들기에 손이 많이 가긴 하니까요.

하지만 냉장고에 아이가 먹을 수 있는 김치 1~2가지가 있다면 엄청 든든하답니다.

아기 김치

(하루 숙성 후 냉장보관)

재료
- # 배추(1/2포기)
- # 절임물(물 2L, 소금 5큰술)

양념
- # 파프리카 1개
- # 사과 1개
- # 마늘 3개
- # 까나리액젓 2큰술
- # 새우젓 2큰술
- # 매실청 2큰술
- # 찹쌀풀(물 100cc, 찹쌀가루 1큰술)

1

배추를 먹기 좋은 크기로 자른 후, 절임물에 2시간 정도 절여주세요.

2

양념 재료들을 믹서에 넣고 갈아주세요.

3

물에 찹쌀가루를 넣고 중불에서 서서히 끓여 찹쌀풀을 만들어주세요.

4

찹쌀풀을 식힌 후 2의 양념을 섞어 주세요.

5

충분히 절인 배추는 물기를 뺀 후 4의 양념장과 섞어주세요.

아기 동치미

(실온 보관 후 숙성 되면 냉장보관)

재료

무 1개
설탕 1큰술
소금 4작은술

양념

다시마물 4컵
배즙 1/2컵
홍고추 약간
다진 마늘 1큰술
다진 생강 1/2작은술

1

무를 먹기 좋은 크기로 자른 후 설탕을 넣고 섞어주세요.

2

30분 정도 지나면 소금을 넣고 섞은 후 4~5시간 절여주세요.

3

무즙이 생기면 나머지 양념 재료들을 넣어주세요.

아기 깍두기
(하루 숙성 후 냉장보관)

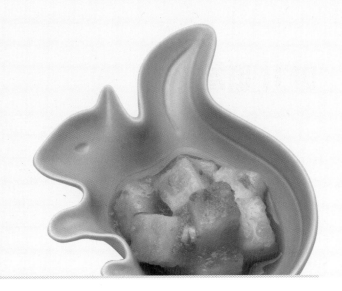

양념
파프리카 2개
배 1개
마늘 5개
새우젓 2큰술
매실청 2큰술
찹쌀풀(물 100cc, 찹쌀가루 1큰술)

재료
무 1개
굵은 소금 2큰술

1

무는 먹기 좋은 크기로 자른 후 소금을 뿌려 2시간 정도 절여주세요.

2

양념 재료들을 믹서에 넣고 갈아주세요.

3

찹쌀풀을 만들어 식힌 후 양념을 섞어주세요.

4

충분히 절인 무는 물기를 뺀 후 3의 양념장과 섞어주세요.

아기 피클

(완성 후 냉장보관)

🧺 재료

오이 1개
무 조금
당근 조금
천일염 1큰술

🏷️ 양념

사과식초 1/2컵
설탕 2큰술
통후추 조금
월계수잎 1장

1

채소는 먹기 좋은 크기로 자른 후 소금을 넣고 섞어 1시간 정도 절여주세요.

2

숨이 죽으면 채소를 한 번 씻어주세요.

3

양념 재료들을 모두 냄비에 넣고 거품이 한 번 일어날 정도로 끓여주세요.

4

살짝 식힌 후 월계수 잎, 통후추를 빼고 채소에 부어주세요.

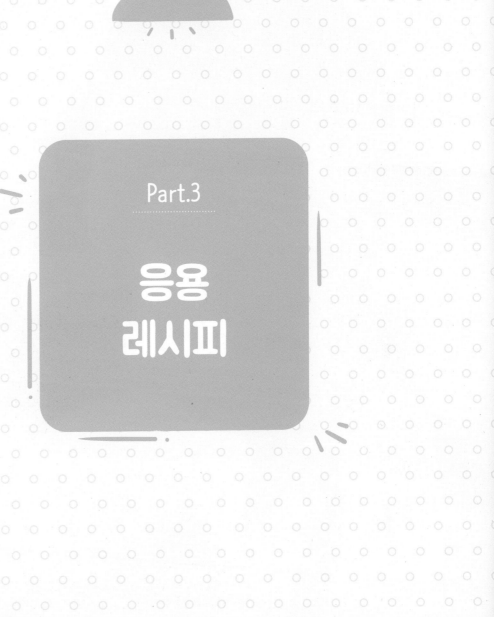

Part.3

응용
레시피

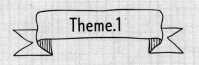

키를 쑥쑥 자라게 해주는 식판

성장에 도움을 주는 대표적인 식품으로는 우유가 있어요. 칼슘과 같은 필수적인 미네랄은 물론이고 단백질까지 풍부하여 가장 먼저 손꼽히죠. 만약 우유를 싫어하는 아이라면 칼슘, 미네랄 섭취를 위해 치즈, 새우, 멸치 등으로 도움을 줄 수도 있답니다. 그리고 달걀, 연어, 꽁치 등 비타민 D가 풍부한 식품을 추천하는데요. 그 이유는 비타민 D는 우리 몸에서 칼슘을 잘 흡수하게 도와주는 영양소이기 때문이죠. 그럼 키를 쑥쑥 자라게 해주는 식판을 함께 볼까요?

흰쌀밥
들깨 미역국
닭다리 채소구이
멸치 아몬드 볶음

들깨 미역국

🍶 재료

불린 미역 한 줌
들기름 1큰술
국간장 2큰술
다진 마늘 1작은술
참기름 1작은술
들깨가루 3큰술
물 4컵

1

냄비에 들기름을 1큰술 넣은 후 불린 미역을 볶아주세요.

2

미역이 담긴 냄비에 물을 넣고 끓여주세요.

3

다진 마늘과 참기름을 넣고 국간장으로 간을 맞춰주세요.

4

마지막으로 들깨가루를 넣고 약한 불로 오래 끓여주세요.

닥터아빠의 Tip!

들깨는 리놀렌산이 많이 함유되어 있어 아이들 성장발달에 좋은 식품이에요.

닭다리 채소 구이

재료

닭다리 2개
파프리카 1/3개
방울토마토 3개
알감자 2개

양념

소금 약간
후추 약간
올리브오일 적당히
마늘가루 약간

1

감자는 깨끗하게 씻은 후 껍질을 제거한 후 반으로 잘라주세요.

2

방울토마토, 파프리카도 깨끗하게 씻은 후 먹기 좋은 크기로 썰어주세요.

3

닭다리는 양쪽에 칼집을 넣어 양념으로 밑간을 해주세요.

4

· 예열된 오븐 200도에서 모든 재료를 25~30분간 노릇노릇 구워주세요.

닥터아빠의 Tip!

닭고기는 영양이 풍부하고 소화흡수가 잘 되는 고단백 식품이에요. 닭다리 대신 닭봉을 이용하셔도 좋답니다.

가족밥상활용법

닭다리와 날개를 함께 구우시면 술안주로도 딱 좋아요.

멸치 아몬드 볶음

🧺 **재료**

\# 잔멸치 한 줌
\# 아몬드 슬라이스 약간
\# 식용유 약간
\# 참기름 1작은술
\# 물엿 1작은술
\# 매실액 1작은술

1

팬을 달군 후 기름 없이 멸치를 살짝 볶아
비린내를 날려주세요.

2

1에 식용유를 조금 넣고 아몬드와 참기름,
매실액을 함께 넣어 볶아주세요.

3

마지막으로 물엿을 넣고 조금 더 볶아주세요.

닥터아빠의 Tip!

멸치와 아몬드의 조합은 칼슘, 인, 비타민,
불포화지방산 등 모두 성장에 도움을 주는
영양분들이 가득하답니다.

🗑 **가족밥상활용법**

간장 1작은술을 넣어주시면 어른 입맛에
도 맞는 멸치 아몬드 볶음이 된답니다.

almond

흰쌀밥
만둣국
소고기 채소 구이
건새우 호박 볶음

만둣국

🍳 재료

\# 만두 5개
\# 달걀 1개
\# 양파 1/4개
\# 대파 약간
\# 후춧가루 약간
\# 다진 마늘 1작은술
\# 국간장 1작은술
\# 비프 스톡 물 4컵

1

냄비에 비프 스톡과 만두를 넣고 끓여주세요.

2

채를 썬 양파와 달걀은 풀어서 함께 넣어주세요.

3

다진 마늘과 국간장, 후춧가루를 조금 넣어 간을 맞춰주세요.

4

국이 끓어오르면 마지막으로 대파를 넣고 불을 꺼주세요.

닥터아빠의 Tip!

만두에는 다진 고기와 양파, 부추, 무 등 많은 재료가 들어가 만두 하나로 다양한 영양소를 섭취할 수 있죠.

소고기 채소 구이

🧺 재료

소고기 안심 200g
양파 1/4개
파프리카 1/4개
감자 1/2개
방울토마토 4개
버터 약간

🏷 밑간

소금 약간
후추 약간
올리브오일 조금
다진 마늘 1작은술

1

소고기와 양파, 파프리카, 방울토마토는
한입 크기로 썰어주세요.

2

감자는 한입 크기로 납작하게 썰어주세요.

3

볼에 모든 재료를 넣고 밑간을 해주세요.

4

팬에 버터를 살짝 두르고 밑간한 재료를
노릇노릇 구워주세요.

닥터아빠의 Tip!

소고기, 감자, 양파는 서로 궁합이 잘 맞는
음식이에요. 맛도 잘 어울리고 영양도 서
로 보완적인 관계를 갖고 있죠.

🍲 가족밥상활용법

스테이크가 먹고 싶은 날 와인 안주로도
좋아요.

건새우 호박 볶음

재료

\# 건새우 1/2줌
\# 애호박 1/2개
\# 양파 약간
\# 소금 약간
\# 다진 마늘 1작은술
\# 참기름 1큰술
\# 현미유 약간
\# 통깨 약간

1

애호박은 반달썰기, 양파는 채를 썰어주세요.

2

팬에 현미유를 두르고 다진 마늘을 넣고 볶다 건새우를 볶아주세요.

3

애호박, 양파를 넣어 볶으면서 소금으로 간을 해주세요.

4

야채 숨이 죽으면 참기름, 통깨를 넣어주세요.

닥터아빠의 Tip!

키 성장에 꼭 필요한 칼슘으로는 멸치가 제일 먼저 떠오르지만 멸치만큼 건새우도 굉장히 좋답니다.

오징어 볶음밥
어묵 볶음
아기 동치미

오징어 볶음밥

🧺 재료

오징어 몸통 1/2마리
파프리카 약간
새송이버섯 약간
애호박 약간
양파 약간
밥 1공기
간장 1작은술
참기름 1작은술

1

오징어는 껍질을 벗기고 한입 크기로 썰어주세요.

2

파프리카, 새송이버섯, 애호박, 양파는 잘게 다져주세요.

3

팬에 참기름을 살짝 두르고 모두 볶아주세요.

4

마지막에 밥을 넣고 간장으로 간을 맞춰주세요.

닥터아빠의 Tip!

오징어에는 다양한 아미노산, 단백질이 포함되어 있죠. 타우린과 같은 유기산도 풍부하여 성인에게는 피로회복 효과가 있고 아이들에게는 키 성장에 도움을 준답니다.

🍚 가족밥상활용법

고추장과 설탕을 1:1 비율로 넣어서 볶아주시면 엄마 아빠 입맛에도 딱 맞는 매콤한 오징어 볶음밥이 된답니다.

어묵 볶음

🗂 **재료**

어묵 2장
피망 약간
양파 1/4개

✏️ **양념**

간장 1큰술
설탕 1큰술
다진 마늘 약간
현미유 1작은술
참기름 1작은술
통깨 약간

1

어묵과 피망은 한입 크기, 양파는 채를
썰어주세요.

2

1에서 준비한 어묵과 피망, 양파에 양념을
넣고 볶아 주세요.

3

불을 끄고 참기름과 통깨를 넣어주세요.

닥터아빠의 Tip!

생선에는 양질의 단백질과 무기질이 있어
요. 만약 생선요리가 힘들거나 가시를 발
라내기 어렵다면 어묵을 활용해 보세요.

연어 채소 볶음밥
새우튀김
아기 김치

연어 채소 볶음밥

🏛 재료

연어 50g   # 양파 약간
당근 약간   # 밥 1공기
새송이버섯 약간 # 간장 1작은술
애호박 약간   # 식용유 약간

1

연어는 한입 크기로 작게 잘라주세요.

2

당근, 새송이 버섯, 애호박, 양파는 잘게 다져주세요.

3

팬에 기름을 살짝 두르고 모두 볶아주세요.

4

마지막에 밥을 넣고 간장으로 간을 맞춰주세요.

닥터아빠의 Tip!

연어는 비타민D가 풍부해서 칼슘이 우리 몸에 흡수되는 것을 돕습니다. 또한 비타민 B군을 많이 함유해 성장과 소화를 촉진시키죠.

가족밥상활용법

굴소스 조금, 매콤한 페페론치노를 조금 부셔서 넣어주면 어른도 좋아하는 맛있는 연어 볶음밥이 된답니다.

새우튀김

shrimp

🦐 재료

\# 새우 4마리
\# 카놀라유 넉넉히
\# 튀김가루 1/2컵
\# 얼음물 1/2컵

1

새우는 머리와 껍질 그리고 내장을 제거한 후 깨끗하게 씻고, 배 부분에 가볍게 칼집을 여러 번 넣어주세요.

2

튀김가루와 얼음물로 반죽을 만들어주세요.

3

키친타월로 새우의 물기를 제거한 후 반죽물에 담궈 주세요.

4

반죽된 새우를 예열된 팬에서 튀겨주세요.

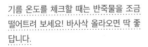

셰프의 Point!

기름 온도를 체크할 때는 반죽물을 조금 떨어트려 보세요! 바사삭 올라오면 딱 좋답니다.

닥터아빠의 Tip!

새우에는 몸에 좋은 콜레스테롤과 비타민 B군이 들어 있어 체력증진, 피로회복에 좋답니다.

새우 치즈 크림 파스타
뱅어포 튀김
아기 피클

새우 치즈 크림 파스타

🧺 재료

파스타 면 1/2줌   # 베이컨 약간

새우 5개   # 파프리카 약간

치즈 1장   # 소금 약간

우유 2컵   # 후추 약간

양송이버섯 1개   # 기름 약간

1

면을 8분 이상 삶은 후 체에 밭쳐 물기를 빼 주세요.

2

새우, 양송이버섯, 베이컨, 파프리카를 먹기 좋은 크기로 잘라주세요.

3

팬에 기름을 두르고 2의 재료들을 볶다가 우유를 넣어주세요.

4

면을 넣고 간을 맞춘 후 걸쭉해질 때까지 끓여주다 마지막에 치즈를 올리고 저어주세요.

닥터아빠의 Tip!

새우에는 칼슘과 타우린이 풍부하게 들어 있어 성장 발육에 좋답니다.

🍚 가족밥상활용법

우유 2컵 대신 우유 1.5컵, 생크림 0.5컵 으로 소스를 만들어주시면 더욱 깊은 풍미 가 있는 크림 파스타가 완성된답니다.

뱅어포 튀김

🍙 재료

\# 뱅어포 2장
\# 식용유 넉넉히
\# 올리고당 조금

1

뱅어포를 먹기 좋은 크기로 잘라주세요.

2

팬에 기름을 넣고 온도를 높인 후 3초 정도
빠르게 튀겨주세요.

3

올리고당을 조금 뿌려주세요.

닥터아빠의 **Tip!**

뱅어포는 멸치보다 칼슘 함량이 많은 음식
입니다. 반찬뿐만 아니라 간식으로 활용하
기에도 좋죠.

🗑 가족밥상활용법

밀폐용기에 키친타월을 깔고 넣어두면
1~2일 정도 눅눅하지 않고 바삭하게 먹
을 수 있답니다. 잘 안 먹는 아이들에게는 설
탕을 조금 뿌려주세요. 아이는 물론 엄마
아빠 맥주 안주로도 딱 좋아요.

whitebait

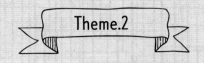
체중을 건강하게 늘려주는 식판

아이들이 잘 안 먹는 이유는 크게 두 가지로 볼 수 있어요. 아프거나 입에 맞는 음식이 없는 경우죠. 아이가 아플 때에는 치료를 해주어야 하고, 아이 입에 맞는 음식이 없을 때에는 아이가 좋아하는 음식 성향을 파악하여 반찬을 만들어 주어야 해요. 달고 짠 간식을 최대한 줄이고 같은 양을 먹더라도 고칼로리 음식으로 만들어주면 좋은데요. 견과류, 치즈, 참기름, 들기름 등을 활용하면 먹는 양에 비해 칼로리를 높게 해줘 체중 증가에 도움을 줄 수 있답니다.

흰쌀밥
소고기 미역국
소고기 두부 완자
감자채볶음

소고기 미역국

재료

\# 불린 미역 한 줌
\# 소고기 1/2줌(60g)
\# 들기름 1큰술
\# 국간장 3큰술
\# 참기름 1작은술
\# 다진 마늘 1작은술
\# 물 4컵

밑간

\# 간장 1작은술
\# 설탕 1작은술
\# 참기름 1작은술

1

소고기에 밑간을 해주세요.

2

냄비에 들기름을 두르고 소고기와 불린 미역을 볶아주세요.

3

준비된 냄비에 물을 넣고 끓여주세요.

4

국이 끓기 시작하면 다진 마늘과 참기름을 넣고 국 간장으로 간을 맞춰주세요.

닥터아빠의 Tip!

미역국은 오래 끓일수록 소고기의 아미노산과 미역의 미네랄이 국물로 많이 나옵니다. 국물 속 아미노산은 소화하기 쉽고 흡수하기 좋은 영양분이 되죠.

소고기 두부 완자

재료
소고기 한 줌(120g)
두부 1/4모
당근 약간
양파 약간

밑간
간장 1큰술
설탕 1큰술
다진 마늘 조금
참기름 1큰술

1

소고기, 당근, 양파는 곱게 다져주세요.

2

소고기에 밑간을 해주세요.

3

두부는 면포를 이용하여 물기를 제거하고 으깨주세요.

4

모든 재료를 볼에 넣고 반죽한 후 한입 크기로 동그랗게 만들어주세요.

5

팬이나 찜통에 익혀주세요.

닥터아빠의 Tip!

소고기는 다른 고기보다 철분이 풍부하죠. 철분은 아이들 성장에 꼭 필요한 영양소입니다.

감자채볶음

🍶 재료

\# 감자 2개
\# 당근 1/3개
\# 소금 약간
\# 다진 마늘 1작은술
\# 식용유 조금
\# 깨소금 약간

1

감자는 껍질을 벗기고 당근과 함께 얇게 채
를 썰어주세요.

2

팬에 기름을 두르고 다진 마늘과 감자, 당
근을 함께 볶아주세요.

3

소금을 조금 넣어 간을 맞춘 후 마지막에
깨소금을 뿌려주세요.

셰프의 Point!

양송이버섯이나 팽이버섯을 넣어도 좋습
니다. 버섯은 감자가 거의 다 익어갈 때쯤
넣어서 함께 볶아주세요.

닥터 이상아의 Tip!

감자는 식물성 단백질을 함유하며 동시에
수용성 비타민이 풍부한 식품입니다. 감자
에 부족한 비타민 A를 보충해줄 수 있도록
당근을 조금 넣는 것도 아주 좋습니다.

potato

흰쌀밥
들깨 미역국
안심 돈가스
과일 샐러드

안심 돈가스

재료

\# 돈가스용 돼지고기
　안심 (200g)
\# 튀김가루 1컵
\# 달걀 2개
\# 빵가루 1/2컵
\# 식용유 넉넉히

밑간

\# 소금 약간
\# 후춧가루 약간

1

돼지고기에 소금과 후추로 먼저 밑간을 해
주세요.

2

밑간을 한 돼지고기에 튀김가루를 골고루
묻힌 후 달걀물에 적셔주세요.

3

한 번 더 튀김가루를 살짝 묻히고 다시 달
걀물에 적셔주세요.

4

빵가루를 넉넉하게 묻힌 후 식용유에 튀겨
주세요.

닥터아빠의 Tip!

돼지고기는 다양한 영양분이 풍부한 좋은
식자재지만 지방을 많이 섭취할 수 있어서
문제죠. 안심은 기름이 거의 없는 부위라
아이들 반찬으로 좋답니다.

과일 샐러드

🍱 **재료**
사과 1개
바나나 1개
귤 1개
감 1개

🍶 **밑간**
마요네즈 4큰술
홀그레인 머스타드 1큰술
설탕 1큰술

1

사과는 껍질을 제거하고 한입 크기로 자른 후 설탕물에 담가두세요.

2

바나나, 귤, 감도 한입크기로 잘라주세요.

3

마요네즈, 홀그레인 머스타드, 설탕을 섞어 주세요.

4

자른 과일들을 담은 볼에 3의 소스를 넣어 버무려주세요.

셰프의 **Point!**

견과류를 조금 넣어주면 더욱 맛있는 샐러드가 됩니다. 그리고 마요네즈 대신 플레인 요거트도 좋습니다.

잡곡밥
오징어 뭇국
치킨 너겟
아기 깍두기

오징어 뭇국

🍳 재료

오징어 몸통 1/2마리
무 한 줌
멸치다시마 육수 3컵
양파 1/3개
다진 파 1작은술
다진 마늘 1작은술
고추장 1작은술
된장 1작은술
간장 약간

1

오징어는 몸통 껍질을 제거한 후 먹기 좋은 크기로 썰어주세요.

2

무는 얇게 네모 모양으로 썰고, 양파는 채를 썰고, 파는 다져주세요.

3

냄비의 멸치다시마 육수에 고추장과 된장을 풀고 무와 오징어를 넣고 끓여주세요.

4

무와 오징어가 다 익으면 마지막으로 채 썬 양파, 다진 파, 다진 마늘을 함께 넣고 간장으로 간을 맞춰주세요.

닥터아빠의 Tip!

오징어는 단백질의 보고이면서 다양한 미네랄을 함유하고 있어 아이들에게 좋은 영양만점 식재료랍니다.

치킨 너겟

🍱 재료

\# 닭가슴살 2조각(200g)
\# 소금 약간
\# 후추 약간
\# 달걀 1개
\# 다진 마늘 1작은술
\# 빵가루 적당히
\# 올리브오일 적당량

1

닭가슴살을 다져 소금, 후추, 다진 마늘을
넣고 반죽해주세요.

2

한입 크기로 모양을 만들어주세요.

3

달걀을 풀어 적신 후 빵가루를 입혀주세요.

4

기름을 넣고 예열된 팬에 튀겨주세요.

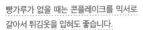

셰프의 Point!

빵가루가 없을 때는 콘플레이크를 믹서로
갈아서 튀김옷을 입혀도 좋습니다.

새우 볶음밥
돼지고기 마늘종 볶음
아기 피클

새우 볶음밥

 재료

대하 3마리
파프리카 1/2개
새송이버섯 약간
애호박 약간
양파 약간
밥 1공기
간장 1작은술
식용유 약간

1

대하는 껍질을 벗기고 내장을 제거한 후 한 입 크기로 썰어주세요.

2

파프리카, 새송이버섯, 애호박, 양파는 잘 게 다져주세요.

3

팬에 기름을 살짝 두르고 모두 볶아주세요.

4

마지막에 밥을 넣고 간장으로 간을 맞춰주 세요.

 닥터아빠의 **Tip!**

새우에는 칼슘과 타우린이 풍부하여 성장에 도움을 줍니다. 여기에 버섯과 채소들까지 함께 넣으면 밥 한 그릇으로 많은 영양을 얻을 수 있겠죠?

🗑 가족밥상활용법

매콤한 페페론치노를 부셔서 넣어주시면 엄마 아빠도 즐길 수 있는 매콤한 새우 볶음밥이 완성된답니다.

돼지고기 마늘종 볶음

🧺 재료

\# 돼지고기 한 줌
　(120g)
\# 마늘종 한 줌
\# 현미유 약간
\# 다진 마늘 1작은술

🥄 양념

\# 간장 2큰술
\# 설탕 2큰술
\# 참기름 2큰술

1

돼지고기는 잘게 썰어 찬물에서 핏물을 빼
주세요.

2

마늘종도 잘게 썰어 끓는 물에 10분간 푹
삶아주세요.

3

팬에 현미유를 두르고 다진 마늘과 돼지고
기를 먼저 볶다가 마늘종을 넣고 양념을 넣
은 후 볶아주세요.

닥터아빠의 Tip!

마늘종은 몸에 좋은 마늘의 영양은 그대
로, 매운맛은 빠진 식품이죠. 거기에 돼지
고기는 아이들 성장에 꼭 필요한 다량의
단백질과 지방을 제공해줍니다.

체중을 건강하게 늘려주는 식단
no.5

버섯 돼지고기 덮밥
알밤 조림
아기 김치

버섯 돼지고기 덮밥

 재료

\# 새송이버섯 1개
\# 느타리버섯 1/2줌
\# 다진 돼지고기
　　1/2줌 (60g)
\# 애호박 약간
\# 양파 약간
\# 치킨 스톡 조금

양념

\# 굴소스 1작은술
\# 설탕 1작은술
\# 참기름 1작은술
\# 다진 마늘 1작은술

1

새송이버섯, 느타리버섯, 애호박과 양파를 곱게 다져주세요.

2

팬에 기름을 두르고 돼지고기와 양념을 넣고 먼저 볶아주세요.

3

2에 1의 재료를 모두 넣어 함께 볶아주세요.

4

치킨 스톡을 조금 넣어 졸여주세요.

 닥터아빠의 Tip!

버섯에는 풍부한 단백질, 비타민, 아미노산이 들어 있어 고기를 대체하기에 좋은 식품입니다.

알밤 조림

재료

알밤 10개
물 1/3컵
간장 1큰술
다진 마늘 1작은술
올리고당 1큰술

1

밤은 껍질을 제거해주세요.

2

팬에 알밤이 잠길 정도로 물을 붓고 끓여주세요.

3

익힌 알밤에 물, 간장, 다진 마늘, 올리고당을 넣고 졸여주세요.

닥터아빠의 **Tip!**

알밤은 허약한 아이들의 체력 회복과 체중 증가에 도움을 주는 식품입니다.

유전자 검사

혹시 '진케어키즈'라는 유전자 검사 솔루션을 아시나요? '세 살 버릇 여든 간다'는 속담처럼 어른이 된 이후 습관을 바꾸는 것은 매우 어렵죠. 그래서 어릴 때 올바른 습관이 형성되도록 미리 도와주는 것이 중요한데요. 진케어키즈 검사를 하면 유전자 정보를 분석해 바른 식습관, 운동방법, 영양·대사에 대해 미리 알 수 있어 아이에게 맞춤형 솔루션을 제시할 수 있답니다.

'아이에게 부족하기 쉬운 비타민은 무엇일까? 아이가 왜 편식을 할까? 왜 이렇게 식탐이 많을까? 왜 단 음식을 달라고 칭얼댈까? 비만 유전자는 없을까? 운동이 아이 건강에 어떤 효과가 있을까?' 등등 말이죠. 이 모든 걸 간단한 유전자 검사로 알 수 있습니다.

요즘 소아 비만율이 높아진다는 소리에 저는 비만 유전자가 궁금했죠. 검사 결과 하유는 다행히 비만유전자는 없었지만, 섭식 무절제 부분의 가능성은 높다고 나왔습니다. 섭식 무절제란 좋아하는 음식을 끊임없이 먹으려는 거예요. 그래서 앞으로 하유가 좋아하는 음식은 자제심이 강해지기 전까지는 미리 적절한 양으로 나눠서 주기로 했어요.

또한 하유는 저탄수화물 식사를 해야 체중 조절 또는 기타 건강에 좋다고 해요. 물론 지금은 성장이 필요한 시기여서 탄수화물을 줄이면 안 되지만 하유가 성인이 되었을 때 저탄수화물 식단이 건강관리에 유용하다는 걸 알려주려고 해요.

진케어키즈는 유전적으로 부족하기 쉬운 비타민군이 자세하게 나오는게 가장 좋아요. 식단 구성에 큰 도움이 되겠죠? 이외에도 운동방법, 신진대사 등 유용한 정보가 많은 것도 좋아요.

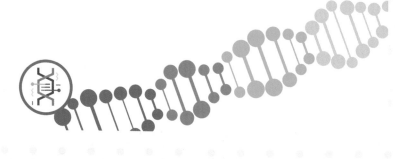

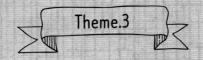

두뇌를 똑똑하게 만들어주는 식판

두뇌가 성장, 발달하면서 꼭 필요로 하는 중요 영양소는 오메가-3, 그 중에서도 DHA입니다. 그리고 두뇌의 양적 성장에는 지방이 필요하기 때문에 지방을 어느 정도 섭취해주는 것이 중요하죠. 여기에 두뇌 건강을 도와주는 비타민 A, B군이 풍부한 음식을 함께 먹으면 두뇌 발달에 좋은 식사가 됩니다. 물론 설탕이나 당분 첨가물이 많이 들어있는 가공식품, 밀가루 음식 등은 많이 먹지 않는 것이 좋겠죠?

흰쌀밥
콩나물국
고등어구이
멸치 호두 볶음

콩나물국

🪑 재료

\# 콩나물 한 줌
\# 다진 마늘 1/2작은술
\# 소금 약간
\# 국간장 1작은술
\# 대파 약간
\# 멸치다시마 육수 3컵

셰프의 Point!

콩나물을 끓일 때는 비린내 제거를 위해 냄비 뚜껑을 열고 끓여주세요. 간을 맞출 때는 새우젓을 이용해도 좋습니다.

닥터아빠의 Tip!

콩나물은 비타민 C의 보고라 불리죠. 과일을 잘 안 먹는 아이들이라면 콩나물을 통해 부족한 비타민을 섭취해주는 것도 좋답니다.

🗑 가족밥상활용법

아이 국을 먼저 퍼주고 난 후 고춧가루를 넣어주시면 더욱 맛있는 콩나물국이 된답니다.

1

콩나물은 꼬리 부분을 제거하고 여러 번 씻어주세요.

2

냄비에 멸치다시마 육수, 콩나물 그리고 다진 마늘을 넣고 끓여주세요.

3

소금, 국 간장으로 간을 맞추고 불을 끄기 직전 대파는 총총 잘게 채를 썰어 넣어주세요.

bean sprouts

고등어구이

🏮 재료

\# 손질된 고등어 1마리
\# 레몬즙 조금
\# 올리브오일 약간

1

손질된 고등어를 깨끗하게 씻어 준 후 물기를 빼주세요.

2

1의 고등어에 레몬즙을 살짝 뿌려주세요.

3

팬에 올리브오일을 살짝 두르고 구워주세요. 양념은 고등어 위에 살짝 발라주셔도 좋고 찍어 드셔도 좋습니다.

닥터아빠의 Tip!

등푸른 생선에는 오메가3 지방산이 풍부하죠. 그중에서도 특히 두뇌 성장에 꼭 필요한 DHA가 많이 들어 있는데, 결핍될 경우 두뇌 발달에 영향을 줄 수 있답니다.

🗑 가족밥상활용법

연겨자를 간장에 살짝 풀어 찍어 먹어보세요. 소스 하나만으로도 온 가족 밥상이 될 수 있답니다.

mackerel

멸치 호두 볶음

🧺 재료

\# 잔멸치 한 줌
\# 호두 3개
\# 식용유 약간
\# 참기름 1작은술
\# 물엿 1작은술
\# 매실액 1작은술

1

호두를 먹기 좋은 크기로 으깨주세요.

2

팬을 달군 후 기름 없이 멸치를 살짝 볶아
주세요.

3

2에 호두와 참기름, 매실액을 함께 넣어 한
번 더 볶아주세요.

4

마지막으로 불을 끄고 물엿을 넣고 비벼주
세요.

닥터아빠의 Tip!

호두는 불포화지방산이 풍부하여 두뇌 건
강과 피부에 좋은 식재료랍니다.

🍲 가족밥상활용법

간장 1작은술을 넣어주시면 어른 입맛에
도 맞는 멸치 호두 볶음이 된답니다.

검은콩밥
애호박 된장국
소불고기
두부 치즈전

애호박 된장국

🧺 재료

애호박 1/3개
두부 1/4모
감자 1개
양파 약간
멸치다시마 육수 2컵
된장 1큰술
다진 마늘 1/2작은술

1

애호박은 반달 모양, 두부는 큐브 모양, 양파는 채썰어주세요.

2

냄비에 멸치다시마 육수를 붓고, 된장을 넣은 후 간을 맞춰주세요.

3

모든 재료들을 넣고 보글보글 끓여주세요.

닥터아빠의 Tip!

된장은 콩 발효식품으로 적정량의 단백질과 많은 유익한 균을 갖고 있답니다

🗑 가족밥상활용법

청양고추를 송송 썰어 넣어주시면 칼칼한 애호박 된장국이 된답니다.

bean paste soup

073

소불고기

🧺 재료

불고기용 소고기
  한 줌 (120g)
호두 약간
양파 약간
당근 약간

🧂 양념

간장 3큰술
설탕 1큰술
올리고당 2큰술
참기름 1큰술
다진 마늘 1작은술
다진 파 1작은술
후춧가루 약간
통깨 약간

1

양파, 당근은 채를 썰어주시고, 호두는 먹기 좋은 크기로 부셔주세요.

2

볼에 양념장을 만들어주세요.

3

2의 양념장에 소고기와 채 썬 야채들을 모두 버무려주세요.

4

냉장고에 1시간 이상 숙성 시킨 후 팬에 볶아주세요.

5

마지막으로 1의 부순 호두를 넣고 버무려주세요.

닥터아빠의 Tip!

고기를 선호하지 않는 아이들도 비타민 B12나 철분 섭취를 위해 종종 소고기를 먹을 수 있게 도와줘야 한답니다. 소고기를 볶을 때는 질겨지지 않도록 강불에 빠르게 볶아주는 것이 좋습니다.

두부 치즈전

 재료

\# 두부 1/2모
\# 치즈 1장
\# 올리브오일 약간

1

두부 물기를 제거 후 먹기 좋은 크기로 잘라주세요.

2

팬에 올리브오일을 두르고 두부를 앞뒤로 구워주세요.

3

치즈를 두부 위에 올려 녹여주세요.

 닥터아빠의 **Tip!**

두부의 재료인 콩에는 레시틴 성분이 있어 두뇌 발달과 기억력 향상을 돕습니다.

bean curd

잡곡밥
들깨 버섯국
소고기 호두 조림
감자채 볶음

감자채 볶음은 53page 레시피를 참고하세요

들깨 버섯국

🍚 재료

느타리버섯 1/2줌
파 약간
멸치다시마 육수 2컵
달걀 1개
들깨가루 1큰술
참기름 약간
간장 약간

1

느타리버섯은 먹기 좋은 크기로, 파는 송송 썰어주세요.

2

냄비에 참기름을 두르고 느타리버섯과 파를 볶아주세요.

3

2에 멸치다시마 육수를 넣고 끓여주신 후 간장으로 국간을 해주세요.

4

달걀을 풀어 준 뒤 마지막으로 들깨가루를 넣어 저어주세요.

닥터아빠의 Tip!

들깨에는 칼슘과 철분이 다량으로 들어 있어 성장기 아이들에게 좋은 식재료랍니다. 거기에 버섯과 함께라면 더욱 좋겠죠?

소고기 호두 조림

🧺 재료
\# 소고기 한 줌(120g)
\# 호두 5알
\# 고구마 조금
\# 올리브오일 조금

🏷 양념
\# 물 5큰술
\# 간장 2큰술
\# 올리고당 2큰술
\# 다진 마늘 1작은술

1

소고기와 고구마, 호두는 먹기 좋은 크기로 잘라주세요.

2

팬에 올리브오일을 두르고 고구마를 먼저 볶아주세요.

3

고구마가 어느 정도 익으면 소고기와 양념들을 넣고 졸여주세요.

4

마지막에 깐 호두를 넣고 섞어주세요.

닥터아빠의 Tip!
호두는 단백질과 비타민, 불포화지방산인 오메가3가 풍부하여 두뇌 건강과 피부에 좋은 식재료입니다.

🗑 가족밥상활용법
견과류를 매일 챙겨 먹기 힘들 때 견과류를 이용한 밑반찬을 만들어두면 편하겠죠?

검은콩밥
버섯 뭇국
명란젓 달걀말이
건새우 호박 볶음

건새우 호박 볶음은 39page 레시피를 참고하세요.

버섯 뭇국

🧺 재료

느타리버섯 한 줌
무 한 줌
멸치다시마 육수 3컵
양파 약간

애호박 약간
다진 파 약간
다진 마늘 1작은술
고추장 1작은술
된장 1작은술

1

느타리버섯, 무, 애호박을 먹기 좋은 크기로 썰어주세요.

2

냄비에 멸치다시마 육수를 붓고 고추장과 된장을 풀어주세요.

3

무, 호박, 느타리버섯을 넣고 끓여주세요.

4

다진 마늘을 함께 넣어 한번 더 끓여주세요.

닥터아빠의 Tip!

느타리버섯에는 다양한 비타민과 아미노산이 풍부하여 두뇌 발달에 좋은 재료입니다.

🗑 가족밥상활용법

고춧가루 1작은술, 청양고추를 조금 썰어 넣으면 얼큰한 버섯 뭇국을 먹을 수 있답니다.

명란젓 달걀말이

🧺 재료

달걀 2개
참치 1작은술
명란젓 1작은술
파 약간
우유 3큰술

1

파는 깨끗하게 씻어 다져주세요.

2

볼에 1의 다진 파와 달걀, 명란젓, 참치, 우유를 넣은 후 저어주세요.

3

달궈진 팬에 불을 약불로 줄인 후 달걀 물을 부으면서 익으면 천천히 말아주세요.

닥터 아빠의 Tip!

명란젓은 날명태의 알을 소금에 절인 것인데요. 다량의 비타민과 DHA가 들어있어 두뇌 건강과 피로회복에 좋답니다.

pollack

no.5
아이를 똑똑하게 만들어주는 식판

흰쌀밥
순두부찌개
참치전
멸치 호두 볶음

멸치 호두 볶음은 71page 레시피를 참고하세요.

순두부찌개

🍱 재료
\# 순두부 1봉지
\# 애호박 1/3개
\# 다진 돼지고기
　　1/2줌(60g)
\# 멸치다시마 육수 3컵
\# 대파 약간

🧂 밑간
\# 간장 1작은술
\# 설탕 1작은술
\# 참기름 1작은술

🧂 양념
\# 국간장 1큰술
\# 대파 약간
\# 다진 마늘 1작은술
\# 소금 약간

1

다진 돼지고기에 밑간을 해주세요.

2

애호박은 큐브 모양으로 자른 후 냄비에서
돼지고기와 함께 볶아주세요.

3

2에 멸치다시마 육수를 부은 후 순두부를
넣고 끓여주세요.

4

양념을 넣고 간을 맞춘 후 대파를 넣어주
세요.

닥터아빠의 Tip!
순두부는 고단백 식품 중 가장 소화가 잘
되는 식품이랍니다.

🍲 가족밥상활용법
냄비에 고추기름 조금과 김치, 돼지고기
를 함께 볶아주다 순두부를 넣어주세요.
그럼 엄마 아빠 누구나 좋아하는 김치 순
두부찌개로 변신한답니다.

참치전

🍢 **재료**

\# 작은 참치통조림 1캔
\# 달걀 2개
\# 부침가루 3큰술
\# 다진 파 약간
\# 올리브오일 약간

1

볼에 참치캔을 따서 모두 넣어주세요.

2

달걀과 부침가루, 다진 파도 함께 넣어주
세요.

3

반죽은 조금 된 정도로 농도를 조절해주
세요.

4

예열된 팬에 올리브오일을 약간 두르고 1
큰술 정도의 반죽을 부어 동그랗게 구워주
세요.

닥터아빠의 **Tip!**

참치 통조림은 등푸른생선의 오메가 3와
DHA가 있으면서도 다른 생선보다 비교적
알레르기 위험도 적은 편입니다.

잡곡밥
소고기 미역국
꽁치 조림
토마토 스크램블

소고기 미역국은 51page 레시피를 참고하세요.

꽁치 조림

🍳 재료
- # 꽁치 통조림 1캔
- # 무 약간
- # 꽈리고추 6개
- # 다진 마늘 1작은술
- # 올리브오일 약간

🧂 양념
- # 간장 1/3컵
- # 맛술 1/3컵
- # 물 1/3컵
- # 설탕 2큰술
- # 올리고당 1큰술

1

팬에 올리브오일을 살짝 두르고 다진 마늘을 볶아주세요.

2

마늘향이 올라오면 양념을 부은 뒤 얇게 썬 무를 넣고 중불로 끓여주세요.

3

양념이 끓으면 꽁치 통조림을 넣고 약불로 졸여주세요.

4

마지막에 꽈리고추를 넣고 조금 더 졸여주세요.

닥터아빠의 Tip!

꽁치에는 오메가3, DHA가 풍부할 뿐만 아니라 비타민 B군이 들어 있어 피로회복과 체력증진, 아이들 근육 성장에도 도움을 준답니다.

토마토 스크램블

🍱 재료

\# 방울토마토 4개
\# 달걀 1개
\# 올리브오일 약간

1

방울토마토를 깨끗하게 씻은 후 반으로 잘라주세요.

2

팬에 올리브오일을 살짝 두르고 달걀을 넣은 후 저어주세요.

3

달걀이 살짝 익어가고 있을 때 1의 방울토마토도 넣어 함께 볶아주세요.

닥터아빠의 Tip!

토마토에는 각종 비타민, 미네랄은 물론 건강에 도움을 주는 수많은 파이토케미컬 (식물성 생리활성물질)이 들어 있답니다.

🗑 가족밥상활용법

양파, 베이컨도 썰어서 넣어주시면 브런치로도 딱 좋아요.

비타민
섭취하기

비타민A	당근, 멜론, 브로콜리, 시금치, 호박, 고구마, 치즈, 쑥, 달걀 등
비타민C	딸기, 토마토, 오렌지, 키위, 망고, 시금치, 콜리플라워, 피망, 감자 등
비타민D	꽁치, 연어, 오리, 멸치, 갈치, 참치, 치즈, 고등어, 버섯류 등
비타민E	땅콩, 시금치, 브로콜리, 참기름, 올리브유, 아몬드, 호두, 현미 등
엽산	아보카도, 시금치, 아스파라거스, 콩나물, 쌀, 녹두, 다시마 등
비타민B$_2$	달걀, 파스타, 쌀, 우유, 버섯, 굴, 닭고기, 돼지고기, 소고기 등
비타민B$_6$	바나나, 감자, 참치, 양파, 고등어, 닭고기, 돼지고기, 소고기 등
비타민B$_{12}$	유제품, 맛살, 바지락, 오징어, 연어, 모차렐라 치즈, 마른멸치 등

※ 비타민을 비롯한 영양소별 섭취 요령에 대한 정보는 146, 188p에서 접할 수 있습니다.

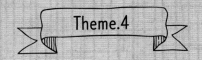
눈 건강을 지켜주는 식판

눈에 좋은 필수 영양소는 비타민 A에요. 비타민 A는 당근, 시금치, 단호박과 같은 녹황색 채소에 많이 들어 있어요. 생선으로는 장어, 황태포 등에 풍부하게 들어있죠. 비타민 A는 지용성 비타민이기 때문에 조리할 때 기름에 볶거나, 기름기가 많은 다른 식재료와 함께 요리하면 흡수율을 높일 수 있답니다. 또한 결명자를 연하게 우려 마셔도 눈 건강을 유지하는 데 작게나마 도움을 줄 수 있답니다.

흰쌀밥
시금치 된장국
과일 탕수육
가지 장조림

시금치 된장국

🧺 재료

시금치 한 줌   # 된장 1큰술
양파 조금   # 대파 조금
멸치다시마 육수 2컵   # 다진 마늘 조금
건새우 조금   # 국간장 약간

1

시금치는 깨끗하게 씻어 물기를 빼주세요.

2

양파와 대파는 채를 썰어 준비해주세요.

3

냄비에 멸치다시마 육수를 넣고 된장을 풀고 다진 마늘을 넣은 다음 국간장으로 간을 맞춰주세요.

4

시금치, 양파, 대파, 건새우를 모두 함께 넣어 보글보글 끓여주세요. 마늘향이 올라오면 양념을 부은 뒤 얇게 썬 무를 넣고 중불로 끓여주세요.

닥터아빠의 Tip!

시금치에는 비타민 A, B, C가 골고루 많이 들어 있어요. 특히 칼슘, 철분까지 들어 있는 보기 드문 채소죠. 하지만 시금치에 들어 있는 비타민은 열에 약하기 때문에 짧은 시간 안에 조리하는 게 좋답니다.

과일 탕수육

🧺 재료

돼지고기 등심
　한 줌(120g)
사과 1/2개　　🥄 소스
양파 1/3개
단감 1개　　　# 물 1컵
튀김 반죽 물　# 식초 1큰술
　(튀김가루 1/2컵　# 설탕 1큰술　　🏷 밑간
　물 약간)　　　# 올리고당 1큰술
　　　　　　　　# 케첩 1큰술　　# 소금 약간
　　　　　　　　　　　　　　　　# 후추 약간

1

돼지고기 등심을 한입 크기로 썰어 밑간을
해주세요.

2

사과와 단감, 양파는 먹기 좋은 크기로 잘
라주세요.

3

돼지고기는 튀김 반죽 물에 담궈주세요.

4

팬에 기름을 두르고 노릇노릇 튀겨주세요.

5

소스 재료와 2에서 준비한 재료 모두 냄비
에 넣고 끓여준 후 탕수육에 곁들여 주세요.

닥터아빠의 Tip!

과일과 육류의 균형을 맞춰 아이 소화기
부담을 덜어주고, 영양뿐만 아니라 맛까지
잡은 탕수육이에요. 사과와 단감뿐만 아니
라 다양한 과일을 넣어 만들어주세요.

가지 장조림

재료
가지 1개
양파 0.3개
다진 마늘 1작은술
현미유 약간

양념
물 1큰술
간장 1큰술
설탕 1큰술
올리고당 조금
통깨 약간

1

가지와 양파는 먹기 좋은 크기로 잘라주세요.

2

팬에 현미유를 두르고 다진 마늘을 볶은 후 가지와 양파를 넣어주세요.

3

양념을 넣고 숨이 죽을 때까지 볶아주세요.

4

다 익으면 올리고당으로 살짝 윤기를 준 후 통깨를 뿌려주세요.

닥터아빠의 Tip!

가지는 안토시아닌, 비타민 A가 풍부하여 눈 건강에 도움을 주는 식품이랍니다. 또한 변비 개선은 물론 염증 개선 효과가 있어 구내염이 잦은 아이, 목에 염증이 자주 생기는 아이들이 자주 먹으면 좋답니다.

가족밥상활용법

고추를 썰어 넣어주시면 매콤달콤한 가지 조림을 먹을 수 있답니다.

흰쌀밥
북엇국
애호박전
소고기 채소 구이

소고기 채소 구이는 38page 레시피를 참고하세요.

북엇국

🍳 재료

북어 한 줌   # 달걀 1개
무 조금   # 콩나물 1/2줌
들기름 1큰술   # 다진 마늘 1작은술
국간장 1큰술   # 파 약간

1

북어를 먹기 좋은 크기로 찢어 냄비에 넣고 들기름을 넣고 버무린 후 물을 붓고 끓여주세요.

2

국물이 뽀얗게 되면 네모 모양으로 썬 무와 콩나물 조금을 넣어주세요.

3

다진 마늘을 넣은 후 국 간장으로 간을 해주세요.

4

마지막으로 달걀과 파를 넣고 한 번 더 끓여주세요.

닥터 애바의 Tip!

북어에서 나오는 양질의 아미노산이 무에 든 소화 효소와 만나 속에 부담이 없고 눈 건강도 돕습니다.

애호박전

🍲 **재료**

\# 애호박 1/2개
\# 달걀 1개
\# 밀가루 약간
\# 소금 약간

1

애호박을 깨끗하게 씻은 후 썰어주세요.

2

달걀에 소금을 조금 넣고 풀어주세요.

3

밀가루, 달걀 물을 입힌 애호박을 팬에 기름을 두르고 노릇노릇 구워주세요.

닥터아빠의 Tip!

애호박에는 비타민 A가 풍부하게 들어 있죠. 비타민 A는 눈 건강과 신경계 발달, 두뇌 발달에 영향을 주는 영양소로 기름에 잘 녹는 성질이 있어 기름에 구워 먹으면 더욱 흡수가 잘된답니다.

🗑 **가족밥상활용법**

애호박전 하나하나에 고추를 썰어 고명으로 올려주셔도 좋아요. 그렇게 하면 느끼하지 않은 호박전이 되겠죠?

검은콩밥
콩나물국
연어 파프리카 볶음
메추리알 장조림

콩나물국은 69page 레시피를 참고하세요.

연어 파프리카 볶음

🧺 재료

\# 연어 1덩어리
　(120g)
\# 양파 1/3개
\# 파프리카 1/3개
\# 당근 약간
\# 올리브오일 약간

🧂 밑간

\# 후추 약간
\# 소금 약간

1

양파, 파프리카, 당근은 먹기 좋은 크기로
잘라주세요.

2

연어도 먹기 좋은 크기로 자른 후 밑간을
해주세요.

3

팬에 올리브오일을 두르고 채소부터 볶아
주세요. 당근이 거의 다 익을 때쯤 연어를
넣어 함께 볶아주세요.

셰프의 **Point!**

굴 소스 1작은술을 넣으면 더욱 더 감칠맛
을 낼 수 있습니다.

닥터아빠의 **Tip!**

연어에는 단백질, 파프리카에는 비타민,
특히 눈 건강에 좋은 비타민 A가 다량으
로 들어 있어 몸에 좋은 반찬이랍니다.

paprika

메추리알 장조림

🍳 **재료**
메추리알 1판
새송이버섯 1개
마늘 3개
대파 조금

🥫 **양념장**
물 3컵
간장 1/3컵
올리고당 3큰술

1

메추리알은 삶은 후 껍질을 제거해주세요.

2

새송이버섯은 먹기 좋은 크기로 잘라주세요.

3

냄비에 메추리알과 자른 새송이버섯, 마늘, 대파 양념장 재료를 모두 넣고 끓여주세요.

4

팔팔 끓어오르면 거품을 걷어내면서 약불에서 졸여주세요.

닥터아빠의 Tip!

메추리알은 영양학적으로 달걀과 유사하죠. 사람에게 필요한 대부분 영양분을 골고루 갖추고 있답니다. 다만 비타민 C가 아쉬운데요. 이 비타민 C는 새송이버섯에 풍부하여 함께 먹으면 균형이 잘 잡힌 고단백 반찬이 된답니다.

잔치국수
단호박 샐러드
아기 김치

잔치국수

재료
소면 1/2줌
멸치다시마 육수 5컵
애호박 1/3개
당근 약간
달걀 1개
김 조금

1

소면은 끓는 물에 삶은 후 찬물로 여러 번 씻어 전분기를 제거해주세요.

2

애호박, 당근은 채를 썰어 팬에 볶아주세요.

3

달걀은 지단으로 부쳐 채를 썰어주세요.

4

그릇에 면을 먼저 담고 애호박, 당근, 지단, 김을 고명으로 올려주세요. 끓인 멸치다시마 육수에 간장으로 간을 한 후 국물을 천천히 부어주세요.

닥터아빠의 Tip!

소면은 소화가 잘 되고 아이들이 먹기 좋은 면이랍니다. 비타민이 듬뿍 들어있는 당근과 애호박을 얇게 채 썰어 함께 주면 맛있게 먹을 수 있답니다.

단호박 샐러드

🍶 **재료**

\# 작은 단호박 1/2개
\# 두부 약간
\# 브로콜리 약간
\# 우유 4큰술
\# 올리고당 2큰술

1

단호박은 먹기 좋은 크기로 잘라 오븐에 구워주세요. (180도 20분간)

2

두부와 브로콜리는 끓는 물에 데쳐주세요.

3

두부를 으깨고 브로콜리는 다진 후 우유와 올리고당을 넣어 비벼주세요.

4

단호박을 으깬 후 볼에 모든 재료를 담고 비벼주세요.

닥터아빠의 Tip!

단호박은 비타민 A, 비타민 B, 비타민 C, 칼슘, 철분 외에도 미네랄이 균형 있게 들어 있어 우리 아이 눈 건강뿐만 아니라 성장에도 좋은 식재료랍니다.

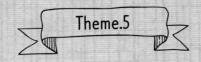
치아를 튼튼하게 해주는 식판

치아에 가장 좋은 음식이 바로 우유예요. 치아를 구성하는 칼슘, 인, 단백질이 풍부할 뿐만 아니라 칼륨, 마그네슘, 각종 비타민 또한 풍부하여 잇몸 건강에도 도움을 주죠. 또한 호두와 같은 견과류, 당근, 오이처럼 딱딱한 음식도 치아 건강에 도움을 주는데요. 딱딱한 음식을 씹어 먹으면서 턱을 사용하게 되고, 턱 근육이 뇌를 자극하면서 두뇌발달에도 도움을 준답니다.

잡곡밥
건새우 뭇국
돼지고기 버섯볶음
멸치 아몬드 볶음

멸치 아몬드 볶음은 35page 레시피를 참고하세요.

건새우 뭇국

🥄 재료

건새우 조금 # 멸치다시마 육수 2컵
무 0.3개 # 간장 1작은술
실파 약간 # 소금 약간
다진 마늘 1작은술 # 참기름 1큰술

1

건새우를 3~4등분, 실파는 송송 썰어 주세요.

2

무는 먹기 좋은 크기로 잘라주세요.

3

냄비에 참기름, 다진 마늘, 간장 무와 건새우를 넣고 볶아주세요.

4

멸치다시마 육수를 붓고 소금 약간으로 간을 한 후 마지막으로 실파를 넣고 끓여 주세요.

닥터아빠의 Tip!

새우를 먹일 때는 혹시 알레르기가 있지 않을까 걱정이 많은데요. 그럴 때는 건새우 무국으로 시작해보는 것도 좋답니다. 무에는 소화 효소가 많아 새우로 인한 알레르기 증상을 완화해줄 수 있거든요.

돼지고기 버섯볶음

🍳 재료
돼지고기 안심 한 줌(120g)
새송이버섯 2개
파프리카 1/2개
양파 1/3개

🥄 양념장
간장 1큰술
참기름 1큰술
올리고당 1큰술
다진 마늘 1작은술

1

돼지고기 안심을 먹기 좋은 크기로 잘라 밑간(소금, 후추)을 해주세요.

2

새송이버섯, 파프리카, 양파 등은 먹기 좋은 크기로 잘라주세요.

3

올리브오일을 두르고 팬에 모든 재료를 넣어 주세요.

4

마지막으로 양념장을 넣고 볶아주세요.

닥터아빠의 Tip!
돼지고기와 버섯의 궁합은 굉장히 좋답니다. 버섯이 부족한 비타민 B군과 지방산은 돼지고기가 채워주고, 돼지고기에 부족한 식이섬유와 무기질은 버섯이 채워주죠.

잡곡밥
시금치 된장국
파프리카 뱅어포볶음
채소 달걀찜

시금치 된장국은 91page 레시피를 참고하세요.

파프리카
뱅어포볶음

🍲 재료

뱅어포 1장
파프리카 0.5개
다진 마늘 1작은술
케첩 1작은술
간장 1작은술
올리고당 1작은술

1

파프리카를 깨끗하게 씻어 채 썰어주세요.

2

뱅어포를 먹기 좋은 크기로 잘라주세요.

3

팬에 기름을 두르고 다진 마늘과 뱅어포를
먼저 볶아주세요.

4

3에 파프리카를 넣고 더 볶다 간장, 올리고
당을 넣어주세요.

닥터아빠의 Tip!

칼슘 함량이 높아 뼈 건강에 좋은 뱅어포,
그리고 비타민이 풍부한 파프리카가 합쳐
지면 영양 가득한 반찬이 완성된답니다.

채소 달걀찜

🍳 재료

달걀 2개
애호박 약간
당근 약간
양파 약간
다진 대파 약간
소금 약간
후춧가루 약간
멸치다시마 육수 1/4컵

1

애호박, 당근, 양파, 대파는 깨끗이 씻은 후 다져주세요.

2

냄비에 달걀을 풀고 1의 재료들, 멸치다시마 육수와 소금, 후춧가루를 넣은 후 끓여주세요.

3

중간 중간 눌어붙지 않도록 나무주걱으로 긁어주면서 익혀주세요.

4

수분이 없어지면 뚜껑을 덮고 약불로 30초 동안 더 익히다가 불을 꺼주세요.

닥터아빠의 Tip!

달걀은 아이가 건강하게 자라는데 필요한 많은 영양이 있어요. 거기에 다양한 채소가 함께 들어가면 더욱 좋겠죠?

두부 크림 파스타
감자 크로켓
아기 김치

두부 크림 파스타

🍳 재료

\# 파스타 면 한 줌
\# 양송이버섯 3개
\# 베이컨 1/2줌
\# 파프리카 1/2개
\# 두부 1/2모
\# 우유 2컵
\# 소금 약간

1

면은 7분 이상 삶은 후 체에 밭쳐 물기를 빼주세요.

2

양송이버섯, 베이컨, 파프리카를 먹기 좋은 크기로 잘라주세요.

3

믹서에 우유와 두부를 갈아 준비해 주세요.

4

면을 제외한 2의 재료들을 준비한 팬에 넣어 볶다가 3의 간 우유와 두부를 넣어주세요.

5

면을 넣고 소금으로 간을 맞춘 후 걸쭉해질 때까지 끓여주세요.

닥터 아빠의 Tip!

두부는 고단백 식품이면서 몸에 흡수가 잘되는 미네랄이 풍부해 우유와 함께 갈아 만든 소스는 영양 만점이랍니다.

감자 크로켓

🧺 **재료**

\# 감자 2개
\# 양파 1/2개
\# 당근 1/3개
\# 식용유 적당히
\# 밀가루 약간
\# 달걀 1개
\# 빵가루 약간

1

감자를 깨끗이 씻어 껍질을 벗기고 반으로
잘라 삶은 후 으깨주세요.

2

양파와 당근은 곱게 다져서 팬에 볶아주세요.

3

1과 2를 넣어 섞은 후 동그랗게 만들고 밀
가루, 달걀 물, 빵가루 순으로 입혀주세요.

4

예열한 기름에 튀겨주세요.

닥터아빠의 **Tip!**

식물 단백질이 풍부한 감자는 비타민 B와
C가 풍부한 식품이랍니다. 감자에 부족한
비타민 A는 당근이 보충해준답니다.

멸치 주먹밥
진미채볶음
요거트 채소 스틱

멸치 주먹밥

 재료

\# 잔멸치 3큰술
\# 밥 1공기
\# 참기름 1큰술
\# 간장 1큰술
\# 올리고당 약간

1

잔멸치에 간장, 올리고당을 넣은 후 팬에
볶아 주세요.

2

볶은 멸치는 칼로 잘게 다져주세요.

3

볼에 밥과 모든 재료를 넣고 섞은 후 둥근
주먹밥을 만들어주세요.

세프의 Point!

김을 잘게 부숴 주먹밥에 섞어주면 더욱
맛있습니다.

진미채볶음

🏷️ 양념

\# 고추장 1큰술
\# 물엿 2큰술
\# 마요네즈 1큰술
\# 간장 1작은술
\# 물 2큰술

🧺 재료

\# 진미채 2줌

1

양념을 팬에 넣고 살짝 끓여주세요.

2

팬에 불을 끄고 진미채를 넣고 비벼주세요.

3

가위로 먹기 좋은 크기로 잘라주세요.

닥터아빠의 Tip!

진미채는 고단백 저지방 식품이에요. 밑반
찬으로 만들어두면 단백질 부족 걱정은 없
겠죠?

요거트 채소 스틱

 재료

\# 오이 조금
\# 당근 조금
\# 샐러리 조금
\# 요거트 5큰술

1

오이, 당근, 샐러리를 깨끗하게 씻어주세요.

2

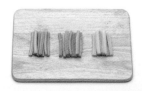

모두 4~5cm 크기의 스틱 모양으로 잘라주세요.

3

요거트 위에 꽂아주세요.

 닥터아빠의 **Tip!**

연령이 낮은 아이들은 당근은 살짝 데쳐 식감을 조금 무르게 만들어주어도 좋답니다. 그냥 스틱 먹기를 싫어하는 아이들에게는 요거트에 찍어 먹을 수 있게 해주세요.

 가족밥상활용법

다이어트할 때는 요거트에 함께 찍어먹고, 고기를 먹을 때는 쌈장에 찍어 먹어보세요.

vegetables

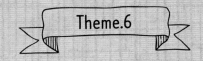

면역력을 높여주는 식판

잔병치레가 많은 아이는 꼭 위생에 더 신경을 써주세요. 식사 전 손을 씻어주는 것만으로도 좋은 효과를 거둘 수 있답니다. 또한 요거트, 김치, 된장 같은 유산균이 풍부한 발효 음식을 먹으면 좋은데요. 장내 환경이 개선되면 아이들이 잘 먹기도 하고 면역력도 함께 좋아져 질병을 예방할 수 있답니다.

흰쌀밥
애호박 된장국
떡갈비
부추양파전

애호박 된장국은 73page 레시피를 참고하세요.

떡갈비

재료

소고기 한 줌(120g)
돼지고기 한 줌(120g)
양파 1/2개
다진 마늘 1큰술
다진 파 1큰술
올리브오일

양념

간장 1.5큰술
설탕 1.5큰술
참기름 1.5큰술
후춧가루 약간
통깨 약간

1

소고기, 돼지고기, 양파를 곱게 다져주세요.

2

볼에 양념과 1의 재료를 모두 넣어주세요.

3

손으로 치대면서 골고루 반죽한 후 동그랗게 만들어주세요.

4

동그란 모양을 납작하게 편 다음 팬에 올리브 오일을 두르고 약불로 구워주세요.

닥터아빠의 Tip!

소고기와 돼지고기를 적당히 갈아 만들어서 아직 치아와 턱 힘이 온전치 못한 아이들이 먹기에 좋은 고기반찬이랍니다.

부추양파전

재료

\# 부추 한 줌
\# 양파 1/3개
\# 부침가루 약간
\# 올리브오일 약간

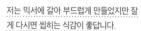 세프의 **Point!**

저는 믹서에 갈아 부드럽게 만들었지만 잘
게 다지면 씹히는 식감이 좋답니다.

 닥터아빠의 **Tip!**

아이가 몸이 차거나 감기에 자주 걸린다면
부추양파전을 해주세요. 면역력을 높여준
답니다. 또한 비타민 B의 흡수를 높여 체
력이 약하고 피로감을 잘 느끼는 아이들에
게 좋습니다.

 가족밥상활용법

고추를 썰어 넣어주시면 더욱 더 맛있는
전이 된답니다.

1

부추, 양파는 깨끗하게 씻은 후 썰어 믹서
에 물을 살짝 넣고 갈아주세요.

2

부침가루를 넣어 걸쭉하게 농도 조절을 해
주세요.

3

팬에 올리브오일을 두르고 구워주세요.

흰쌀밥
콩나물국
찹스테이크
도라지나물

콩나물국은 69page 레시피를 참고하세요.

찹스테이크

재료

한입 크기로 자른
　소고기 한 줌(120g)
양파 1/3개
파프리카 1/2개
미니 새송이버섯 5개
올리브오일 약간
버터 약간

양념

간장 1작은술
토마토케첩 1작은술
올리고당 1작은술
물 3큰술
통깨 약간

1

소고기는 핏기를 제거하여 네모나게 썰고
양파, 파프리카, 미니 새송이버섯도 비슷한
크기로 썰어주세요.

2

달궈진 팬에 올리브오일을 두른 후 손질한
채소를 볶아 접시에 담아주세요.

3

달궈진 팬에 버터를 조금 두른 후 소고기
를 볶아주세요.

4

여기에 2의 채소와 만든 양념을 넣고 끓이
면서 졸여주세요.

닥터아빠의 Tip!

편식하는 아이들이 다양한 식자재를 맛보
게 할 수 있는 좋은 반찬이랍니다.

도라지나물

🏷 **재료**
도라지 한 줌
올리브오일

🏷 **양념**
다진 마늘 1작은술
참기름 1작은술
깨소금 조금

1

도라지는 껍질을 제거한 후 얇게 찢어주세요.

2

끓는 물에 도라지를 넣고 살짝 데쳐주세요.

3

볼에 데친 도라지와 양념들을 넣고 무쳐주세요.

4

팬에 올리브오일을 두르고 살짝 볶은 후 깨소금을 뿌려주세요.

닥터아빠의 **Tip!**

도라지에는 면역력을 강하게 해주는 사포닌이 많이 함유되어 있답니다.

no.3

현미밥
오징어 뭇국
생선가스
콩나물 무침

오징어 뭇국은 58page 레시피를 참고하세요.

생선가스

재료

생선 포 3개
부침가루 1/2컵
달걀 1개
빵가루 1/2컵
식용유 넉넉히
후춧가루 약간

1

생선살에 후추로 밑간을 해주세요.

2

부침가루를 묻힌 후 달걀 물에 적셔 주세요.

3

다시 한번 더 부침가루를 묻힌 후 달걀 물에 적셔 주세요.

4

빵가루를 넉넉하게 묻힌 후 식용유에 튀겨주세요.

닥터아빠의 Tip!

대부분 생선은 고단백 저칼로리 식품이면서 아이들 성장에 꼭 필요한 필수 영양소가 많이 들어 있답니다.

콩나물 무침

재료

\# 콩나물 두 줌
\# 소금 1/2작은술

양념

\# 참기름 1작은술
\# 통깨 약간
\# 다진 마늘 1작은술

1

콩나물을 다듬은 후 여러 번 씻어주세요.

2

끓는 물에 살짝 데쳐 주세요.

3

콩나물을 꺼낸 후 준비한 양념으로 넣어 무쳐 주세요.

4

소금을 조금씩 넣어보면서 간을 맞춰주세요.

닥터아빠의 Tip!

콩나물은 비타민 C가 풍부하게 들어 있죠.
과일을 잘 안 먹거나 매일 채소와 과일을
신경 써서 챙겨주기 어렵다면 콩나물 무침
으로 부족한 비타민 C를 채워주세요.

검은콩밥
소고기 미역국
김치전
감자 샐러드

소고기 미역국은 51page 레시피를 참고하세요.

김치전

kimchi pancake

🧺 재료

김치 한 줌
다진 돼지고기 약간
양파 약간
달걀 1개
부침가루 3큰술

1

김치, 돼지고기, 양파를 다져주세요.

2

볼에 1의 재료와 달걀, 부침가루를 넣어주세요.

3

물을 조금 넣어 반죽 농도를 맞춰주세요.

4

팬에 기름을 두르고 구워주세요.

 닥터아빠의 Tip!

김치 유산균은 면역세포 증진에 도움을 준답니다. 김치는 맵지 않게 아기 김치 또는 일반 김치를 물로 한번 씻어서 사용해주세요.

🍲 **가족밥상활용법**

청양고추를 송송 썰어 넣어주시면 더욱 더 맛있는 김치전을 만들 수 있답니다.

감자 샐러드

🧺 재료

감자 2개
달걀 2개
오이 1/2개
비엔나소시지 5개
양파 1/4개

🫙 마요네즈 소스

마요네즈 4큰술
홀그레인 머스타드 1큰술
설탕 1큰술

1

감자와 비엔나소시지를 삶아서 익혀주세요.

2

익은 감자는 으깨고 비엔나소시지, 오이, 양파는 곱게 다져주세요.

3

달걀은 삶은 뒤 노른자와 흰자를 따로 곱게 다져주세요.

4

볼에 노른자를 제외하고 모든 재료를 넣고 소스에 버무려주세요.

5

곱게 다진 노른자를 요리 마지막에 보슬보슬하게 뿌려주세요.

닥터아빠의 Tip!

감자, 달걀, 마요네즈 모두 영양 밀도가 높은 식품입니다. 영양분이 가득 들어 있어 성장에 도움을 주죠. 하지만 소화가 어려울 수 있으니 한 번에 너무 많은 양을 주지는 마세요.

no.5

콩나물 무밥
애호박 버섯볶음
아기 김치

콩나물 무밥

🍳 재료

\# 채 썬 무 한 줌
\# 소고기 1/2줌(60g)
\# 콩나물 한 줌
\# 밥 1주걱
\# 참기름 1큰술

🥄 양념간장

\# 간장 1큰술
\# 물 2큰술
\# 참기름 1작은술
\# 다진 부추 조금

🥄 소고기 양념

\# 간장 1작은술
\# 올리고당 1작은술
\# 다진 마늘 조금

1

무는 채를 썰고 콩나물은 다듬은 후 둘 다 끓는 물에 익혀주세요.

2

소고기는 다져서 양념을 한 후 팬에 볶아주세요.

닥터아빠의 Tip!

무는 천연 소화제로 불릴 만큼 음식 소화에 도움을 많이 주며, 그 자체로도 다양한 영양분을 갖고 있답니다. 특히 무와 콩나물 그리고 소고기와의 궁합은 최고!

3

모든 재료를 볼에 넣고 섞어 주세요.

4

밥 위에 재료를 올리고 양념간장을 곁들여 주세요.

🍚 가족밥상활용법

간장에 비벼 먹는 것도 좋지만 고추장에도 비벼 먹어보세요. 간편한 비빔밥이 되겠죠?

131

애호박 버섯볶음

🧺 재료

느타리버섯 한 줌
애호박 1/2개
양파 약간
들기름 1큰술
새우젓 1작은술
다진 마늘 1작은술
올리브오일 약간

1

느타리버섯을 한입 크기로 잘라주세요.

2

애호박은 반달 모양으로, 양파는 채를 썰어주세요.

3

프라이팬에 올리브오일을 넣고 다진 마늘을 볶다 재료들을 넣고 볶아주세요.

4

새우젓으로 간을 하고 들기름을 마지막으로 넣어주세요.

닥터아빠의 Tip!

버섯에는 비타민, 미네랄뿐만 아니라 결핍되기 쉬운 필수 아미노산이 많이 들어 있답니다. 이런 아미노산은 다른 채소, 과일로 보충하기 어렵습니다.

🍲 가족밥상활용법

청양고추를 어슷썰기로 함께 볶아주시면 더 맛있는 애호박 버섯볶음이 된답니다.

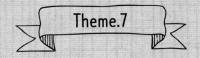

잠을 잘 자게 해주는 식판

성장기 아이들에게 잠은 굉장히 중요하죠. 아이가 잠을 잘 자도록 도움을 주는 영양소로는 비타민 B_1과 트립토판이 있는데요. 아이에게 비타민 B_1이 부족하면 신경 조절 신호가 잘 조절되지 않아 많이 예민해지고 날카로워져요. 낮 시간 때에 짜증이 많아지고 밤에는 잠을 잘 못 자게 되죠. 비타민 B_1이 풍부한 식재료에는 돼지고기, 호두, 밤 등이 있고, 트립토판이 풍부한 식재료로는 유제품, 바나나, 콩 등이 있답니다.

현미밥
달걀국
돼지갈비찜
과일 샐러드

과일 샐러드는 56page 레시피를 참고하세요.

달걀국

🍲 재료

달걀 1개
양파 1/3개
실파 약간
멸치다시마 육수 2컵
소금 약간

1

양파와 실파는 채썰어주세요.

2

달걀은 소금을 약간을 넣고 풀어 주세요.

3

냄비에 멸치다시마 육수를 넣고 끓어오르면 양파와 달걀을 모두 넣어주세요.

4

마지막으로 소금, 후춧가루로 간을 한 후 실파로 고명을 해주세요.

닥터아빠의 Tip!

완전식품이라 불리는 달걀은 다양한 영양소를 갖고 있답니다. 간단하면서도 영양 가득 맛있는 달걀국은 바쁜 날 끓여주시면 좋겠죠?

🍱 가족밥상활용법

청양고추를 송송 썰어 넣어주시면 더욱 감칠맛과 시원한 맛을 느낄 수 있답니다.

135

돼지갈비찜

🧺 재료

갈비찜용
  돼지고기 1kg
감자 2개
당근 1/3개
양파 1/2개
표고버섯 3개

🥄 양념

간장 1/2컵
설탕 1/2컵
조청 3큰술
참기름 1큰술
다진 마늘 1큰술
다진 파 1큰술
다진 생강 1/2작은술
후춧가루 조금

1

돼지고기는 먼저 찬물에 담가 핏물을 제거한 후 칼집을 넣어주세요.

2

감자와 당근, 양파, 표고버섯 모두 먹기 좋은 크기로 잘라주세요.

3

양념장을 만들어주세요.

4

양념장이 담긴 볼에 1, 2의 모든 재료를 넣어 냉장고에서 2시간 이상 재워주세요.

5

재운 갈비를 냄비에 옮겨 담아 불 위에 올려 끓기 시작하면 약불에서 뭉근하게 천천히 40분 이상 졸여주세요.

닥터아빠의 Tip!

돼지고기와 표고버섯은 궁합이 좋은 식품들로 잘 알려져 있습니다. 표고버섯이 돼지고기의 콜레스테롤을 억제하고 부족한 비타민 D와 식이섬유를 보충해주기 때문이죠.

버섯 크림 리소토
감자 갈레트
돼지고기 마늘종 볶음

돼지고기 마늘종 볶음은 62page 레시피를 참고하세요.

버섯 크림 리소토

🧺 재료

우유 1컵
생크림 1/2컵
양송이버섯 3개
새송이버섯 1개
베이컨 1/2줌
다진 마늘 약간
양파 1/3개
소금 약간
밥 1주걱

1

양송이버섯, 새송이버섯, 베이컨을 먹기 좋은 크기로 잘라주세요.

2

양파를 깨끗하게 씻은 후 채 썰어주세요.

3

팬에 올리브오일을 두르고 다진 마늘을 볶다 나머지 재료들 모두 볶아주세요.

4

우유와 생크림, 밥을 넣고 간을 맞춰 졸여주세요.

셰프의 Point!

우유와 생크림의 비율은 2:1이 좋아요. 생크림이 없다면 휘핑크림을 사용해도 좋습니다.

닥터아빠의 Tip!

버섯 크림 리소토는 아이들 누구나 좋아하는 맛이며 영양가가 높아 한 끼 식사로 굉장히 좋답니다.

감자 갈레트

🍲 **재료**

\# 감자 1개
\# 감자전분 조금
\# 올리브오일 약간

1

감자 껍질을 제거하고 곱게 채를 썰어주세요.

2

감자 전분을 뿌린 다음 버무려 주세요.

3

프라이팬에 올리브오일을 살짝 두르고 중간 불로 구워주세요.

4

뒤집어 가면서 양면을 골고루 익혀주세요.

닥터여배의 Tip!

감자에는 비타민 B와 C가 풍부하게 들어 있죠. 다른 식품의 비타민과는 달리 감자 속 비타민은 감자 전분의 보호를 받아 익혀도 쉽게 파괴되지 않는답니다.

가족밥상활용법

양파, 당근 같은 채소를 다져서 곁들여도 좋습니다. 모차렐라 치즈를 뿌려 녹이면 굉장히 맛있는 술안주로 완성됩니다.

현미밥
버섯 뭇국
제육볶음
시금치나물

버섯 뭇국은 80page 레시피를 참고하세요.

제육볶음

📍 양념장
\# 고추장 1작은술
\# 간장 1작은술
\# 설탕 1작은술
\# 참기름 1작은술
\# 다진 마늘 1작은술
\# 다진 파 1작은술
\# 후춧가루 약간

🧺 재료
\# 삼겹살 한 줌(120g)
\# 올리브오일 약간

1

먼저 삼겹살을 먹기 좋은 크기로 썰어주세요.

2

1의 삼겹살을 끓는 물에 데친 후 물기를 제거해주세요.

3

양념장에 버무린 후 고기를 냉장고에 1시간 동안 넣고 숙성시켜 주세요.

4

팬에 올리브오일을 살짝 두르고 숙성된 고기를 구워주세요.

닥터아빠의 Tip!

비타민 B₁이 부족한 아이들은 예민하고 짜증을 잘 내며 밤에 잠을 잘 못자는 경향이 있다고 합니다. 돼지고기에는 비타민 B₁이 풍부하니 활용해보세요.

시금치나물

양념

\# 다진 대파 1큰술
\# 다진 마늘 1작은술
\# 간장 1작은술
\# 참기름 1큰술
\# 통깨 약간

재료

\# 시금치 두 줌

1

시금치는 깨끗하게 씻어 주세요.

2

끓는 물에 살짝 데쳐주세요.

3

데친 시금치를 찬물로 헹궈 식힌 후 살짝 힘을 주어 짜주세요.

4

먹기 좋은 크기로 자른 후 양념을 넣고 비벼주세요.

닥터아빠의 Tip!

시금치에는 비타민 A, B, C와 칼슘, 철분까지 들어 있답니다. 성장 발달에 필요한 영양소를 골고루 갖추면서 소화 흡수도 잘되죠.

돼지고기 채소 주먹밥
단호박 바나나 범벅

돼지고기 채소 주먹밥

🧺 **재료**

\# 다진 돼지고기 한 줌
　(120g)
\# 밥 2주걱
\# 호박 약간
\# 당근 약간
\# 버섯 약간

📍 **밑간**

\# 간장 1작은술
\# 참기름 1작은술
\# 올리고당 1작은술
\# 후춧가루 약간

1

애호박, 당근, 버섯, 양파는 곱게 다져주세요.

2

다진 돼지고기는 밑간을 한 후 팬에 볶아
주세요.

3

팬에 다진 채소를 볶아주세요.

4

볼에 모든 재료를 넣고 섞은 후 둥근 주먹
밥을 만들어주세요.

세프의 Point!

주먹밥을 만들 때는 힘을 줘서 꼭꼭 눌러주
세요. 힘을 주지 않으면 쉽게 풀어집니다.

닥터아빠의 Tip!

돼지고기에는 성장에 꼭 필요한 단백질과
다양한 아미노산이 풍부하게 들어있어 아
이들에게 꼭 필요하죠.

단호박
바나나 범벅

🍴 재료

\# 알작은 단호박 1/2개
\# 바나나 1/2개

1

단호박을 껍질을 제거한 뒤 끓는 물에 익혀
주세요.

2

단호박이 익으면 건져 으깨주세요.

3

바나나도 으깨서 단호박과 섞어주세요.

 닥터아빠의 Tip!

바나나는 멜라토닌과 칼륨 생성에 필요한
비타민 B₆ 트립토판이 풍부하고 포만감이
있어 잠자는데 도움을 준답니다.

sweet
pumpkin

영양제 섭취 요령 ❶

아이 밥을 챙기다 보면 아무리 신경을 써도 어딘가 모르게 허전할 때가 많습니다. 혹시나 내가 해주는 식단에 빈틈이 있어서 아이의 영양이 결핍되면 어떻게 하나? 키가 덜 크면? 면역력이 떨어지면? 걱정을 하면서 자연스레 영양제를 찾곤 하죠. 많은 분들이 영양제를 선택할 때는 그냥 주변에서 좋다는 것, 많이 먹이는 것 중심으로 고릅니다. 하지만 이건 바람직하지 않답니다. 수많은 영양소는 각자 역할을 하는 것이 아니라, 서로 영향을 주고받으며 작용합니다. 그래서 특정 영양소가 지나치게 많아지면 부작용이 생길 수도, 다른 영양소의 작용을 방해할 수도 있답니다. 건강이 안 좋거나 이상 증상이 있다면 병원에서 상담을 통해 영양제 섭취를 권장하고, 건강한 아이라면 굳이 다양한 영양제를 장기간 먹일 필요는 없습니다. 만약 임의로 복용한다면 종류는 2가지 이하, 기간은 한 달 미만으로 잡아주세요. 그럼 영양소별 섭취요령을 알려드릴게요.

칼슘	칼슘은 성장하면 떠오르는 가장 대표적인 영양소입니다. 단맛이 강한 음식이나 탄산음료를 좋아하는 아이들은 칼슘이 몸에서 많이 빠져나가기 때문에 더 많이 섭취해야 하는데요. 여기서 포인트는 많이 섭취하는 것이 아니라 흡수율 높은 칼슘을 섭취하는 것입니다. 과자나 가공식품에 인위적으로 넣은 칼슘은 주로 달걀 껍데기를 갈아 넣은 것이라 아무리 많이 먹어도 몸에 잘 흡수되지 않습니다. 만약 칼슘을 먹이고 싶다면 영양제보다는 우유나 멸치, 두부 같은 식품을 통해 섭취하는 게 가장 좋지요. 영양제를 꼭 써야 한다면 몸에 흡수가 잘되는 것을 강조한 제품을 고르는 것이 좋습니다.
철분	철분이 결핍되면 성장에 문제가 생기고, 주의 집중력도 크게 떨어지기 때문에 철분 섭취의 중요성은 이유식 때부터 익히 들어 아실 겁니다. 다만 철분제는 위장장애를 일으키거나 변비를 유발하는 경우가 많아 특별히 부족하지 않다면 꼬박꼬박 챙겨 먹을 필요는 없습니다. 철분이 풍부한 육류를 통해 단백질과 함께 섭취해주는 것이 바람직하답니다. 또한 비타민C와 함께 복용하면 흡수율을 높일 수 있답니다.

※ 영양제 섭취 요령에 대한 정보는 188p에서 이어집니다.

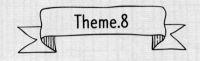

식욕이 없는 아이를 위한 식판

식욕 부진인 아이의 경우 억지로 음식을 먹이려고 하면 심리적으로 더욱 거부 반응을 보일 수 있어요. 그래서 아이가 식재료에 거부 반응이 없도록 만들어주는 게 가장 우선이죠. 식재료를 직접 만져보거나 요리에 참여시키는 방법 등 식재료에 대한 거부 반응을 없앨 수 있도록 접할 수 있는 기회를 많이 주세요. 그리고 아이가 좋아하는 재료에 견과류나 치즈, 참기름, 들기름 같은 기름을 이용한다면 같은 양을 먹더라도 더 열량이 높은 식사가 됩니다.

no.1

흰쌀밥
들깨 미역국
닭강정
치즈 감자조림

들깨 미역국은 33page 레시피를 참고하세요.

닭강정

🧺 재료

닭 안심 한 줌(120g)
튀김가루 1/2컵
물 1/2컵
후춧가루 약간
식용유 적당히

🥄 양념

물엿 2큰술
토마토케첩 2큰술
설탕 1큰술
간장 1큰술
다진 마늘 1작은술
다진 양파 작은술

1

닭고기 안심은 먹기 좋은 크기로 자른 후 후춧가루로 밑간을 해주세요.

2

튀김가루와 물을 이용하여 튀김반죽을 만들어주세요.

3

반죽과 닭고기를 버무린 후 예열된 기름에 튀겨주세요.

4

한 김 식힌 후 한 번 더 튀기고 양념장은 팬에 한 번 끓인 후 튀김을 버무려주세요.

🍲 가족밥상활용법

양념에 페페론치노를 부셔서 넣어주시면
매콤한 닭강정을 먹을 수 있답니다.

치즈 감자조림

🍳 재료

\# 치즈 1장
\# 감자 2개
\# 당근 1/3개
\# 우유 1컵
\# 올리브오일 약간

1

감자와 당근을 깨끗하게 씻은 후 큐브모양으로 잘라주세요.

2

팬에 올리브오일을 두르고 감자와 당근을 볶아주세요.

3

감자와 당근이 익었을 때 우유를 넣고 졸여주세요.

4

마지막으로 치즈를 올리고 저어주세요.

닥터아빠의 Tip!

감자와 당근을 싫어하는 아이들도 치즈를 넣으면 맛있게 먹을 수 있답니다.

저녁이 없는 아이를 위한 식단

흰쌀밥
애호박 된장국
함박스테이크
무나물

애호박 된장국은 73page 레시피를 참고하세요.

함박스테이크

🍶 재료

소고기 한 줌(120g)
돼지고기 1/2줌(60g)
양파 1/3개
당근 약간
달걀 1개
다진 마늘 1작은술
다진 파 1작은술

🍶 소스

양송이버섯 1개
토마토케첩 1큰술
간장 1큰술
올리고당 1큰술
물 1/2컵

🍶 밑간

후추 약간
소금 약간
마늘가루 약간

1

소고기와 돼지고기를 곱게 다진 후 밑간을 해 주세요.

2

양파와 당근도 곱게 다져주세요.

3

달걀을 포함한 모든 재료를 볼에 넣고 반죽 후 함박스테이크 모양으로 만들어주세요.

4

팬에 올리브오일을 두르고 노릇하게 구워주 세요.

5

소스 양념장을 냄비에 넣고 끓여준 후 함박스 테이크 위에 곁들여주세요.

닥터아빠의 Tip!

고기는 아이들 성장에 바로 직결되는 영양 소를 많이 지니고 있어 굉장히 중요하답니 다. 거기에 채소까지 다져 넣어 맛도 영양 도 만점이죠.

무나물

재료

\# 채 썬 무 한 줌
\# 참기름 1큰술
\# 다진 마늘 1작은술
\# 깨소금 약간

1

무를 채 썰어주세요.

2

무가 살짝 잠길 정도로 물을 부어주세요.

3

무가 흐물흐물할 정도로 익혀주세요.

4

팬에 참기름, 다진 마늘을 넣고 무를 살짝 볶아주세요.

닥터아빠의 Tip!

무의 풍부한 식물성 섬유소는 장의 노폐물을 청소하고, 소화 효소는 음식물 소화속도를 높여줘 입맛 돋우는 데 도움을 줍니다.

비프 토마토 덮밥
새송이버섯전
아기 피클

비프 토마토 덮밥

🍳 재료

토마토 2개
양송이버섯 3개
양파 약간
다진 소고기 3큰술
비프 스톡 1/3컵
소금 약간

1

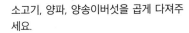

소고기, 양파, 양송이버섯을 곱게 다져주세요.

2

토마토는 열십자 모양으로 칼집을 낸 후 데친 후 껍질을 제거한 다음 으깨주세요.

3

냄비에 소고기, 양파, 양송이를 볶아주다 으깬 토마토를 넣고 비프 스톡을 넣은 후 졸이면서 소금으로 간을 맞춰주세요.

4

잘 섞은 다음 밥 위에 올려주세요.

닥터아빠의 Tip!

토마토와 소고기는 궁합이 잘 맞는 음식이랍니다. 서로 부족한 영양분을 채워주며 소화가 잘되게끔 도와준답니다.

가족밥상활용법

토마토소스는 직접 만들어주셔도 좋지만 시중에 판매하는 토마토소스를 구매하신 후 만들면 더욱 편하게 요리할 수 있답니다.

새송이버섯전

🍚 재료

새송이버섯 2개
달걀 1개
밀가루 약간
올리브오일 약간

1

새송이버섯은 깨끗하게 씻은 후 적당한 크기로 다져주세요.

2

달걀은 소금을 조금 넣고 풀어주세요.

3

다진 새송이버섯, 밀가루를 2에 넣어 섞어 주세요.

4

팬에 올리브오일을 두르고 노릇노릇 구워주세요.

닥터아빠의 Tip!

단백질 하면 생선, 고기, 콩이 떠오르지만 사실 새송이버섯도 훌륭한 단백질 공급원이랍니다. 필수 아미노산이 10가지나 골고루 들어 있으며 비타민까지 들어 있죠.

no.4

꼬마 김밥
과일 샐러드

과일 샐러드는 56page 레시피를 참고하세요.

꼬마 김밥

재료

\# 밥 2주걱
\# 참기름 1큰술
\# 김 2장
\# 당근 약간
\# 달걀 1개
\# 다진 소고기 3큰술
\# 간장 1작은술

밑간

\# 후춧가루 약간
\# 참기름 1/2작은술
\# 설탕 1/2작은술
\# 간장 1/2작은술

1

당근은 얇게 채 썰어 볶아주세요.

2

달걀은 넓게 부쳐서 채를 썰어주세요.

3

다진 소고기는 밑간을 한 후 볶아주세요.

4

밥에 참기름과 간장으로 간을 한 후 김 위에 얇게 깔아주세요.

5

나머지 재료들을 올린 후 얇게 말아 주세요.

닥터아빠의 Tip!

김밥은 영양 밀도가 높은 음식이랍니다. 다양한 재료를 꾹 눌러 담아 만들기 때문에 적은 양으로도 많은 영양분을 얻을 수 있죠.

치킨 마요 덮밥
아기 깍두기

치킨 마요 덮밥

🍳 **재료**

\# 치킨 너겟 5개
\# 양파 1/3개
\# 달걀 1개
\# 밥 1주걱
\# 마요네즈 1큰술

🥄 **덮밥 소스**

\# 간장 1큰술
\# 올리고당 1큰술
\# 참기름 1작은술

1

준비한 치킨 너겟은 먹기 좋은 크기로 잘라주세요.

2

양파는 깨끗하게 씻은 후 채를 썰어주세요.

3

팬에 치킨 너겟, 양파, 덮밥 소스를 넣고 함께 볶아주세요.

4

달걀은 팬에서 스크램블 해주세요.

5

밥 위에 달걀과 모든 재료들을 올린 후 마요네즈를 올려주세요.

마파두부 덮밥
아기 김치

마파두부 덮밥

🍚 재료

다진 돼지고기 1/2줌(60g)
두부 1/2모
파프리카 1/3개
애호박 1/3개
치킨 스톡 1/2컵

🥄 소스

간장 1작은술
된장 1작은술

1

두부는 한입 큐브 모양으로 잘라주세요.

2

돼지고기, 파프리카와 애호박은 곱게 다져주세요.

3

팬에 돼지고기, 파프리카, 애호박을 볶다가 두부를 넣어주세요.

4

치킨 스톡과 소스를 넣고 끓여주세요.

5

잘 섞은 다음 밥 위에 올려주세요.

닥터아빠의 Tip!

비타민 B₁과 단백질이 많은 돼지고기, 두부와 채소들의 만남, 간편하면서도 맛있는 덮밥으로 아이 건강을 챙겨주세요.

짜장 덮밥
아기 김치

짜장 덮밥

🍚 재료

돼지고기 한 줌(120g)
당근 1/3개
양파 조금
감자 1/2개
치킨 스톡 2컵
짜장가루 2큰술
올리브오일 약간
전분 1큰술

1

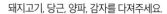

돼지고기, 당근, 양파, 감자를 다져주세요.

2

냄비에 올리브오일을 두르고 1의 재료들을 넣고 한번 볶아주세요.

3

치킨 스톡을 붓고 중불로 재료가 익을 때까지 끓여주세요.

4

재료가 다 익으면 짜장가루와 전분을 넣고 약불로 1~2분 더 끓여주신 후 밥 위에 올려 주세요.

닥터아빠의 Tip!

짜장은 아이들이 좋아하는 소스죠. 돼지고 기와 각종 채소들이 들어 있어 직접 만들 어 드시면 영양까지도 챙길 수 있답니다.

해산물 토마토 리소토
아기 피클

해산물 토마토 리소토

 재료

토마토 1개
오징어 1/2마리
새우 3~4마리
베이컨 1/2줌
다진 마늘 약간
양파 1/3개
치킨 스톡 1컵

1

오징어와 새우는 손질 후 잘게 잘라주세요.

2

토마토는 열십자로 칼집을 내어 끓는 물에 데친 후 껍질을 제거하고 으깨주세요.

3

베이컨은 한입 크기, 양파는 채를 썰어주세요.

4

팬에 올리브오일을 두르고 다진 마늘을 볶다 모든 재료들을 볶아주세요.

5

으깬 토마토소스와 치킨 스톡을 넣고 간을 맞춰주세요.

6

3에 밥을 넣고 약불에서 은근히 졸여주세요.

 닥터아빠의 Tip!

오징어, 새우 모두 아이들 성장에 좋은 식품이랍니다. 해산물을 싫어하는 아이들도 토마토소스 속에 있다면 맛있게 먹을 수 있죠.

no.9
입맛이 없는 아이를 위한 식단

잡채 덮밥
아기 김치

잡채 덮밥

재료

당면 한 줌
당근 약간
돼지고기 1/2줌(60g)
양파 1/3개
파프리카 1/3개

물 3컵
간장 1큰술
참기름 1큰술
소금 약간
밥 1주걱

밑간

간장 1작은술
설탕 1작은술
참기름 1작은술
후춧가루 약간

1

당근, 양파, 파프리카는 채를 썰어 준비해주
세요.

2

채를 썬 돼지고기는 밑간을 한 후 팬에 볶아
주세요.

3

물 3컵에 간장 1큰술, 소금 약간을 넣고 끓어
오르면 당면을 넣어 푹 익혀주세요.

4

팬에 올리브오일을 살짝 두르고 당근, 파프리
카, 양파 모두 볶아주세요.

5

팬에 모든 재료를 넣고 간장, 참기름을 넣고
비벼주세요.

셰프의 Point!

물에 간을 하고 당면을 넣어 끓이는 이유
는 당면에 간이 스며들어 더욱 맛있어지기
때문입니다.

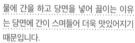

닥터아빠의 Tip!

잡채에는 다양한 채소와 고기가 들어가 많
은 종류의 영양소를 균형있게 먹을 수 있
답니다.

no.10

봉골레 파스타
감자 크로켓
아기 피클

감자 크로켓은 112page 레시피를 참고하세요.

봉골레 파스타

🧺 재료

바지락 10개
파스타 면 한 줌
다진 마늘 1작은술
치킨 스톡 1컵
바질가루 약간
파슬리 약간
올리브오일 약간

1

바지락은 소금물에 30분 이상 담가 해감해주
세요.

2

면을 7분 이상 삶은 후 체에 밭쳐 물기를 빼
주세요.

3

팬에 올리브오일을 넣고 다진 마늘을 볶다 바
지락을 넣어 볶아주세요.

4

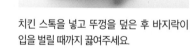

치킨 스톡을 넣고 뚜껑을 덮은 후 바지락이
입을 벌릴 때까지 끓여주세요.

5

마지막에 삶은 면을 넣고 함께 볶으면서 바질
가루와 파슬리를 뿌려주세요.

👨‍⚕️ **닥터아빠의 Tip!**

바지락에는 철분과 비타민 B가 풍부해 성
장과 빈혈 예방에 도움을 준답니다. 미네
랄도 풍부하고요.

🍲 **가족밥상활용법**

페페론치노 같은 매콤한 고추를 부셔서
넣어주시면 레스토랑 부럽지 않은 봉골레
파스타를 드실 수 있답니다.

바지락 칼국수
아기 김치

바지락 칼국수

🧺 재료

칼국수면 1/2줌
바지락 5개
양파 1/3개
다진 마늘 1작은술
애호박 약간
국간장 1큰술
멸치다시마 육수 5컵

1

바지락은 소금물에 30분 이상 담가 해감해주세요.

2

양파와 애호박은 채를 썰어주세요.

3

냄비에 멸치다시마 육수를 넣고 바지락, 다진 마늘을 넣고 끓여주세요.

4

끓으면 양파, 애호박을 넣고 간장으로 간을 맞춰주세요.

5

준비된 면을 넣고 익을 때까지 끓여주세요.

🍲 가족밥상활용법

청양고추를 송송 썰어 넣어보세요. 엄마, 아빠도 함께 즐길 수 있는 칼칼한 칼국수를 먹을 수 있답니다.

콩국수
아기 김치

콩국수

 재료

소면 한 줌
콩 한 줌
소금 약간
오이 조금

1

냄비에 물과 불린 콩을 넣고 끓여서 푹 익혀 주세요.

2

믹서기에 익힌 콩과 콩 끓인 물 2컵을 넣고 갈아주세요.

3

2에서 간 콩을 체에 걸러준 후 소금으로 간을 맞춰 주세요.

4

소면은 삶은 뒤 찬물로 씻어 그릇에 담아 주세요.

5

콩 국물을 붓고 오이는 채 썰어 고명으로 올려주세요.

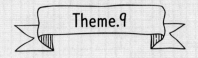

우리아이
환절기 몸보신으로
좋은 식판

아이들 몸보신으로 닭고기 요리를 해주세요. 닭고기에는 면역력을 강화해주는 아연, 셀레늄, 인체 활성을 도와주는 각종 비타민이 풍부하게 들어 있답니다. 닭이 고단백 식품인 것은 이미 잘 알고 계시죠? 거기에 다른 고기에 비해 소화 및 흡수가 잘되는 편이고 알레르기 유발도 적어 우리 아이 식단에 꼭 필요한 식재료랍니다.

삼계탕

재료

닭고기 한 줌   # 양파 1/3개
마늘 4개   # 인삼 조금
다진 마늘 1작은술   # 황기 조금
다진 파 1작은술   # 물 3컵
무 1/2줌   # 소금 약간

1

닭고기를 깨끗하게 씻어주세요.

2

무와 양파는 한입 크기로 잘라주세요.

3

모든 재료를 냄비에 넣고 닭고기가 익을 때까지 푹 삶아주세요.

4

소금으로 간을 맞춰 주세요.

닥터아빠의 Tip!

면역력 증진에 도움을 주는 인삼과 마늘, 호흡기 감염 예방에 도움을 주는 황기를 넣고 푹 끓인 삼계탕은 어떠세요?

가족밥상활용법

국물에 밥을 넣고 더 끓여서 고기를 잘게 올려주면 삼계죽이 된답니다. 인삼과 황기는 시중에 판매하는 삼계탕용 재료 중 팩으로 된 제품을 이용해주세요.

우엉 볶음

🧺 재료
\# 채 썬 우엉 2줌
\# 채 썬 당근 1/2줌
\# 현미유 약간
\# 통깨 조금

🏷 양념
\# 간장 2큰술
\# 설탕 1큰술
\# 물엿 1큰술
\# 참기름 1큰술

1

우엉과 당근을 가늘게 채를 썰어주세요.

2

팬에 현미유를 두르고 1의 우엉과 당근을 3분 정도 볶아 주세요.

3

3분 후 약불로 낮추고 양념을 넣어 숨이 죽을 때까지 더 볶아주세요.

4

불을 끄고 통깨를 뿌려주세요.

닥터아빠의 Tip!

우엉은 목감기에 자주 걸리는 아이들에게 좋은 재료랍니다. 편도선염과 인후염에 좋은 효과를 보이죠. 우엉 볶음으로 목감기를 미리 예방해보세요.

우리 아이 환절기 몸보신 식단

no.2

검은콩밥
소고기 뭇국
버섯 닭 꼬치구이
건새우 호박 볶음

건새우 호박 볶음은 **39page** 레시피를 참고하세요.

소고기 뭇국

🍽 재료

\# 소고기 한 줌(120g)
\# 무 적당히
\# 대파 조금
\# 비프 스톡 3컵
\# 다진 마늘 1작은 술
\# 고추장 1작은술
\# 된장 1작은술

1

국거리용 소고기를 준비해주세요.

2

무는 얇게 네모 모양으로 썰어주세요.

3

냄비에 비프 스톡, 고추장과 된장을 풀고 무,
소고기, 다진 마늘을 넣고 끓여주세요.

4

무와 소고기가 다 익으면 마지막으로 채 썬
대파를 넣고 보글보글 한 번 더 끓여주세요.

닥터아빠의 Tip!

무에 들어 있는 소화효소가 전분의 소화
를 도와주고, 소고기의 경우엔 소화하기
쉬운 형태의 단백질, 아미노산과 철분이
함유돼 몸보신 음식으로 적당합니다.

버섯 닭 꼬치구이

재료
닭안심 한 줌(120g)
대파 2대
새송이버섯 1개

밑간
후춧가루 약간
마늘가루 1작은술

소스
간장 2큰술
설탕 1큰술
올리고당 1큰술
맛술 1큰술
다진 마늘 조금

1

닭고기를 3cm 정도 폭으로 썰어 밑간을 해 주세요.

2

대파는 흐르는 물에 깨끗하게 씻어 3cm 정 도로 썰고, 새송이버섯도 같은 크기로 썰어 주세요.

3

꼬치에 닭고기, 대파, 버섯 순서로 번갈아가 면서 끼우고 팬에 올리브오일을 두른 후 노 릇노릇 구워주세요.

4

거의 다 익어 갈 때쯤 약불로 줄이고 소스를 앞뒤로 골고루 바르면서 익혀주세요.

닥터이재복의 Tip!
닭고기에서 공급되는 양질의 단백질과 파 의 비타민, 알리신 등의 성분이 면역력 향 상에 도움을 준답니다. 파의 뿌리 쪽 하얀 부분이 감기에 자주 걸리는 아이에게 도 움을 준답니다.

검은콩밥
두부 북엇국
간장 찜닭
콩나물 무침

콩나물 무침은 126page 레시피를 참고하세요.

두부 북엇국

재료

북어 1/2줌
두부 1/2모
무 조금
들기름 1큰술
국간장 1큰술
달걀 1개
콩나물 1/2줌
다진 마늘 1작은술

1

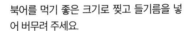

북어를 먹기 좋은 크기로 찢고 들기름을 넣어 버무려 주세요.

2

버무린 북어는 냄비에 넣고 물을 부어주세요.

3

두부와 무는 큐브 모양으로 썰어 콩나물과 함께 끓여주세요.

4

국물이 뽀얗게 되고 무가 하얗게 되면 다진 마늘을 넣은 후 달걀을 풀어 주세요.

 닥터아빠의 Tip!

두부의 단백질, 북어에서 나오는 양질의 아미노산, 무에 들어 있는 소화효소가 만나 흡수하기 쉬운 고단백 식품으로 거듭납니다. 간을 할 때는 국간장 대신 소금으로 하셔도 무관합니다.

🍲 가족밥상활용법

청양고추를 송송 썰어 넣어주시면 개운한 북어국을 먹을 수 있답니다.

간장 찜닭

🧺 재료
닭 2줌(240g)
감자 1개
당근 1/2개
불린 당면 1/2줌
양파 1/3개
대파 약간

🥄 양념
간장 3큰술
물 1.5컵
설탕 3큰술
맛술 1큰술
다진 마늘 2작은술
다진 파 1작은술
참기름 2큰술

1

감자, 당근, 양파는 껍질을 벗기고 먹기 좋은 크기로 썰어주세요.

2

대파는 어슷 썰고 당면은 물에 불려주세요.

3

닭은 깨끗하게 씻은 다음 끓는 물에 한 번 삶은 후 건져주세요.

4

양념장을 만든 후 볼록한 팬에 닭과 모든 재료들을 넣고 끓여주세요.

닥터아빠의 Tip!

간장으로 인해 지나친 나트륨 섭취가 걱정된다면 나트륨 배출에 도움을 주는 칼륨이 풍부한 감자와 함께 주세요.

닭가슴살 카레 덮밥
오이 부추 무침

닭가슴살 카레 덮밥

 재료

닭고기 한 줌(120g)
당근 1/3개
양파 조금
감자 1/2개
치킨 스톡 3컵
카레가루 2큰술

1

닭고기, 당근, 양파, 감자를 한입 크기로 잘라
주세요.

2

냄비에 식용유를 두르고 1의 재료들을 넣고
볶아주세요.

3

냄비에 치킨 스톡을 붓고 중불로 감자와 당근
이 익을 때까지 끓여주세요.

4

재료가 다 익으면 카레가루를 넣고 약불로
1~2분 더 끓여주세요.

 닥터아빠의 **Tip!**

카레의 주원료인 강황은 몸을 따뜻하게
해주고 혈액순환이 잘되게 해준답니다.

오이 부추 무침

🥄 양념장

\# 고춧가루 1작은술
\# 간장 1큰술
\# 식초 1큰술
\# 설탕 1큰술
\# 올리고당 1큰술
\# 통깨 약간
\# 다진 마늘 1작은술
\# 참기름 1큰술

🧄 재료

\# 오이 1개
\# 양파 조금
\# 부추 조금
\# 굵은 소금 약간

1

오이는 깨끗하게 씻은 뒤 껍질을 제거하고 어슷 썰어주세요.

2

오이는 굵은 소금을 넣고 약 10분간 절여주세요.

3

부추와 양파는 깨끗하게 씻은 후 채를 썰어주세요.

4

모든 재료를 양념장과 버무려주세요.

닥터애바바의 Tip!

오이에 든 항산화 물질들이 어른에겐 노화를 늦춰주는 역할을 하지만 아이들에겐 염증을 가라앉히는 데 도움을 준답니다.

비타민C	가장 흔한 영양제죠. 요즘은 온갖 식품에 첨가물로 많이 들어가 있어 결핍이 드문 영양소랍니다. 특별히 과일, 채소를 안 먹는 아이가 아니라면 따로 챙겨 먹을 필요는 없죠. 또한 다른 비타민과 달리 비타민C는 천연제품과 합성제품의 차이가 크지 않아 꼭 천연 제품을 선택하지 않아도 된답니다.
비타민D	햇볕만 많이 쬐면 알아서 해결되는 것이 비타민D입니다. 하지만 요즘은 황사, 미세먼지 등 아이들 외출이 어렵고 실내 생활이 많아지다 보니 늘 부족할 수밖에 없는 영양소입니다. 비타민D는 단단한 알약보다는 액상 형태로 된 제품이 좀 더 흡수하기 좋습니다. 외출을 자주 못 하는 아이라면 가끔 섭취해 주는 것도 좋은 방법이랍니다.
비타민A	스마트폰, 텔레비전 때문에 아이들의 눈 건강에 대한 관심이 높아지고 있습니다. 그러면서 비타민A를 복용을 선택하는 분들이 요즘 많은데요. 과량 섭취하면 피부 건조, 간독성 등의 증상이 나타날 수 있으므로 과량 섭취하지 않도록 주의해주세요.
비타민B	우리 몸의 에너지를 잘 쓰게 해주는 영양소들을 모아 비타민B군이라고 부릅니다. 많이 들어 본 엽산도 여기 속하죠. 보통 비타민B군은 세트로 사용되며 서로 복잡하게 영향을 미치며 작용하기 때문에 따로 먹기보단 통째로 모아서 먹는 게 도움을 준답니다. 아이가 자주 피로해하거나 기운이 없다면 먹여보는 것도 괜찮습니다.
DHA	DHA는 우리가 흔히 먹는 오메가-3의 일종입니다. 보통 어른이 먹는 오메가-3에는 DHA 외에 다른 지방산이 더 많이 들어있지만 아이들이 먹는 오메가-3는 DHA를 중심으로 구성돼 있습니다. DHA가 부족하면 두뇌 발달이 원만하지 못하기 때문인데요. 일반적인 식단에서 크게 부족하진 않겠지만 두뇌발달에 민감한 엄마, 아빠라면 영양제를 선택하는 것도 방법이 될 수 있겠죠? 물론 식품으로 섭취하는 것이 가장 좋은 방법입니다.

※ 146p 영양제 섭취 요령에서 이어지는 내용입니다.

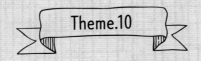

변비를 해결해주는 식판

아이들의 변비를 해결하기 위한 가장 기본적인 방법은 우선 섭취하는 음식에 변화를 주는 것입니다. 미역 같은 해조류나 식이섬유가 풍부하게 들어 있는 채소를 활용하여 아이가 좋아하는 음식을 만들어 주는 거죠. 변비 증상이 나타나면 우선 물의 섭취를 늘리고 간식으로는 땅콩 같은 견과류나 요거트를 챙겨주세요. 유산균 관련 제품을 먹게 하는 것도 좋답니다.

흰쌀밥
소고기 미역국
팽이버섯전
오이 무침

소고기 미역국은 51page 레시피를 참고하세요.

팽이버섯전

 재료

팽이버섯 1/2줌
파프리카 조금
달걀 1개
부침가루 1큰술
올리브오일 약간

1

팽이버섯과 파프리카를 5cm 정도로 잘라주세요.

2

볼에 1의 재료와 부침가루, 달걀을 넣어 비벼주세요.

3

팬에 올리브오일을 두르고 구워주세요.

enoki mushroom

오이 무침

 재료

\# 오이 1/2개
\# 소금 약간
\# 참기름 1큰술

1

오이 껍질을 제거해주세요.

2

한입 크기로 썰어 주세요.

3

소금, 참기름을 넣고 버무려주세요.

 닥터아빠의 **Tip!**

오이는 비타민 C를 비롯해 다양한 비타민들이 들어 있어 면역력을 높여주고 수분 함량이 높아 배변을 도와준답니다.

 가족밥상활용법

참기름과 소금만 이용한 오이 무침이 성인이 먹기에는 다소 밋밋한 느낌이 있어요. 그러면 양파를 채 썰어 고춧가루 1, 설탕 1, 참기름 1, 식초 1과 함께 무쳐주세요. 맛있는 오이 무침이 된답니다.

흰쌀밥
양배추 된장국
안심 동그랑땡
무나물

무나물은 153page 레시피를 참고하세요.

양배추 된장국

재료

\# 양배추 한 줌
\# 양파 약간
\# 멸치다시마 육수 2컵
\# 건새우 조금
\# 된장 1큰술
\# 대파 조금
\# 다진 마늘 조금
\# 국간장 약간

1

양배추는 한입 크기 잘라주세요.

2

양파와 대파는 가늘게 채 썰어주세요.

3

냄비의 멸치다시마 육수에 다진 마늘을 넣고 된장을 풀어 주세요.

4

모든 재료와 건새우를 함께 넣어 끓여주세요. 마지막으로 간장으로 간을 맞춰주세요.

닥터아빠의 Tip!

양배추는 위 건강을 돕는데 매우 효과가 크며, 심이섬유가 많아 변비 개선에도 도움을 준답니다.

안심 동그랑땡

재료

\# 두부 1/2모
\# 돼지고기 안심 한 줌(120g)
\# 양파 조금
\# 당근 조금
\# 달걀 2개

1

돼지고기, 양파, 당근들은 곱게 다져주세요.

2

두부는 면포에 넣어 물기를 제거한 후 으깨주세요.

3

재료들을 볼에 다 담은 뒤 반죽 후 동그랑땡 모양으로 만들어주세요.

4

달걀 물에 입힌 후 팬에 구워주세요.

닥터아빠의 Tip!

부드럽고 담백한 식감을 좋아하는 아이라면 채소를 싫어하는 경향이 많더라고요. 이럴 때 두부와 돼지고기 안심 속에 채소를 숨겨주세요.

김치 볶음밥
소고기 두부 완자
사과 무생채

소고기 두부 완자는 52page 레시피를 참고하세요.

김치 볶음밥

🧄 재료

씻은 김치 1/2줌
양파 약간
호박 약간
당근 약간
돼지고기 1/2줌(60g)
아기치즈 1장
참기름 약간
밥 2주걱

1

김치는 물에 한 번 씻은 후 다져주세요.

2

양파, 호박, 당근은 곱게 다져주세요.

3

팬에 기름을 두르고 돼지고기를 먼저 볶고
그 다음에 준비한 모든 재료를 볶아주세요.

4

마지막에 밥을 넣은 후 볶아주면서 참기름을
넣고 그 위에 치즈를 올려 녹여주세요.

닥터아빠의 Tip!

장이 약한 아이들은 채소를 소화하는 것
이 부담스럽죠. 그럴 때 김치를 볶아주면
비교적 소화가 잘되어 손쉽게 섬유질을
섭취할 수 있답니다.

사과 무생채

🏷 **재료**

\# 채 썬 무 한 줌
\# 채 썬 사과 한 줌

🧂 **양념**

\# 설탕 1작은술
\# 고춧가루 1작은술
\# 소금 약간
\# 사과식초 1작은술
\# 통깨 약간

1

무는 깨끗하게 씻은 후 가늘게 채를 썰어주
세요.

2

사과도 얇게 채를 썰어주세요.

3

1과 2의 재료들을 양념에 버무려주세요.

닥터아빠의 **Tip!**

사과에는 다양한 유기산이 풍부하답니다.
소화를 돕고 염증을 가라앉히며, 면역력
향상에도 도움을 주죠.

white radish

토마토 파스타
브로콜리 무침
아기 피클

토마토 파스타

🍳 재료

파스타 면 한 줌
토마토 2개
베이컨 1/2줌
올리브오일 약간
양파 1/3개
소금 약간
다진 마늘 2작은술
설탕 1큰술
치킨 스톡 1컵

1

면을 8분 이상 삶은 후 체에 밭쳐 준비해 주세요.

2

토마토는 열십자로 칼집을 내어 끓는 물에 데친 후 껍질을 제거하고 으깨주세요.

3

팬에 으깬 토마토와 양파, 다진 마늘, 소금, 설탕, 올리브유, 채를 썬 베이컨, 치킨 스톡을 넣고 졸여주세요.

4

팬에 면과 소스를 함께 버무려주세요.

닥터 아빠의 Tip!

올리브오일과 토마토는 세계에서 가장 유명한 건강식 조합입니다. 심혈관계 질환 예방부터 두뇌 건강까지 도움을 준답니다.

브로콜리 무침

🏷 **재료**

브로콜리 한 줌

🏷 **양념**

\# 참기름 1작은술

\# 간장 1작은술

\# 소금 약간

\# 깨소금 약간

1

브로콜리는 깨끗하게 씻은 후 먹기 좋은 크기로 잘라주세요.

2

끓는 물에 브로콜리를 넣고 살짝 데친 후, 체에 밭쳐 물기를 빼주세요.

3

물기를 뺀 브로콜리를 볼에 담아 양념을 넣고 무쳐주세요.

셰프의 Point!

영양을 위해서는 줄기도 함께 먹으면 좋지만 딱딱한 질감으로 아이들이 좋아하지 않는다면 작게 잘라주세요.

닥터아빠의 Tip!

브로콜리는 레몬보다 더 많은 비타민 C가 들어 있는 식재료로 유명하죠. 비타민 C뿐만 아니라 비타민 A와 B, 칼슘, 미네랄까지 담긴 굉장히 좋은 식재료랍니다.

**올바른
생활습관
만들기**

❶ 손 씻기

식사하기 전, 후 우리 집만의 규칙이 있는데요. 식사하기 전에는 꼭 손을 깨끗하게 씻고 식사를 한 후에는 꼭 양치를 합니다. 어쩔 수 없을 때는 건너뛰지만, 최대한 규칙을 지키려고 노력합니다. 사실 질병을 예방하고 건강을 증진하는 데 기본은 손 씻기와 양치질입니다.

물을 묻힌 후 적당량의
비누를 손에 묻혀요.

손바닥을 교차하며
서로 잘 문질러요.

오른손으로 왼손 등을 문지르고, 또 반대로 해요.

손바닥을 서로 깍지 끼고
문질러요.

엄지부터 한 손가락씩
비누로 잘 문질러요.

손톱 끝을 반대쪽 손바닥에
문질러 씻어 주세요.

손목도 잘 문질러 주세요.

흐르는 물에 손을 잘 헹궈주세요.

수건으로 손을 닦고 잘 말려요.

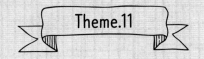

설사를 자주 하는
아이에게 좋은 식판

장이 약한 아이에게 좋은 식재료는 좁쌀, 수수, 도토리 같은 음식인데
요. 밥을 할 때 좁쌀을 조금 넣고 밥을 해주세요. 물론 당장 설사를 멎
게 하는 음식들은 아니지만 꾸준히 먹다보면 장 건강에 도움을 줄 수
있답니다. 또한 팩틴 성분이 풍부한 바나나를 추천합니다. 장의 활동
을 안정시키는 효과가 있기 때문에 설사를 자주 하는 아이에게 좋은
식재료가 될 수 있죠. 지방이 많은 음식은 피하고 단백질이 풍부한 흰
살생선이나 달걀이 도움을 줄 수 있답니다.

좁쌀밥
콩나물 김칫국
치킨 감자 볼
도토리묵 무침

콩나물 김칫국

🧺 재료

\# 콩나물 1/2줌
\# 김치 1/2줌
\# 다진 마늘 1/2 작은술
\# 소금 약간
\# 국간장 1작은술
\# 대파 약간
\# 멸치다시마 육수 3컵

1

콩나물은 다듬어서 여러 번 씻어주세요.

2

매운 김치는 씻어서 먹기 좋은 크기로 잘라
주세요.

3

냄비에 멸치다시마 육수, 콩나물, 김치,
다진 마늘을 넣고 끓여주세요.

4

소금, 국간장으로 간을 맞추고 불을 끄기 직
전 대파는 잘게 채를 썰어 넣어주세요.

닥터아빠의 Tip!

콩나물에 많이 들어 있는 비타민과 김치
의 유산균이 장을 튼튼하게 해준답니다.

🗑 가족밥상활용법

고춧가루 1작은술과 청양고추를 쑹쑹 썰
어 넣어주시면 엄마 아빠도 함께 즐길 수
있는 얼큰한 콩나물 김칫국을 먹을 수 있
답니다.

치킨 감자 볼

 재료

\# 닭고기 1/2줌(60g)
\# 감자 2개
\# 올리고당 1작은술

1

감자는 껍질을 제거한 후 끓는 물에 익힌 후
으깨주세요.

2

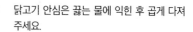

닭고기 안심은 끓는 물에 익힌 후 곱게 다져
주세요.

3

으깬 감자와 다진 닭고기, 올리고당을 볼에
넣고 섞어주세요.

4

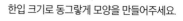

한입 크기로 동그랗게 모양을 만들어주세요.

 닥터아빠의 Tip!

닭고기 안심은 저지방 고단백 식품이랍
니다. 하지만 단백질과 아미노산 외 다른
영양은 고르지 못한 편이라 감자와 함께
먹어야지만 비로소 균형 잡힌 반찬이 됩
니다.

도토리묵 무침

📍 양념
간장 2큰술
설탕 1큰술
올리고당 1큰술
다진 마늘 1작은술
참기름 1큰술
다진 파 약간
통깨 약간

🧺 재료
도토리묵 1모
오이 약간
양파 약간
당근 약간

1

도토리묵은 먹기 좋게 네모 모양으로 잘라 주세요.

2

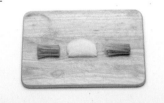

오이와 양파 당근은 채를 썰어주세요.

3

양념장을 따로 만들어주세요.

4

볼에 도토리묵과 야채를 섞은 후 양념장을 뿌려주세요.

닥터아빠의 Tip!

도토리에는 타닌이 들어 있어 중금속 흡착 배출 능력과 장 건강을 회복시키는 효능이 있답니다. 도토리묵은 장이 약해 탈이 잘 나는 아이들에게 좋은 음식입니다.

 가족밥상활용법

고춧가루와 미나리, 홍고추 같은 재료도 함께 넣으면 더욱 맛있는 도토리묵 무침이 됩니다.

좁쌀밥
두부 달걀국
대구전
소고기 장조림

두부 달걀국

재료

두부 1/2모
달걀 1개
양파 1/3개
대파 약간
멸치다시마 육수 2컵
소금 약간
후춧가루 약간

1

두부는 먹기 좋은 크기로 양파, 대파는 채썰어주세요.

2

달걀은 소금 약간을 넣고 풀어서 준비해주세요.

3

냄비에 멸치다시마 육수와 준비한 두부와 양파, 대파를 넣고 끓여주세요.

4

달걀을 넣어준 후 소금, 후춧가루로 간을 해주세요.

닥터아빠의 Tip!

두부는 단백질이 풍부하고, 포화지방 대신 식물성 지방이 있어 설사 때문에 고기 섭취에 문제가 있는 아이에게 적합한 식자재입니다.

가족밥상활용법

아이 국을 먼저 퍼준 다음 매콤한 청양고추를 쏭쏭 썰어 넣어주시면 개운한 국물의 국을 먹을 수 있어요.

대구전

🍚 재료

\# 대구 생선살(120g)
\# 달걀 1개
\# 부침가루 약간
\# 올리브오일 적당히
\# 후추 약간

1

생선살에 먼저 후추로 밑간을 해주세요.

2

밑간을 한 생선에 부침가루를 골고루 묻혀 털
어주세요.

3

달걀을 풀고 난 후 부침가루를 묻힌 생선을
적셔 주세요.

4

팬에 올리브오일을 두르고 노릇노릇 구워주
세요.

닥터아빠의 Tip!

유아식으로 사용하기 가장 좋은 생선이
바로 대구입니다. 알레르기 유발도 적으
면서 면역력에 도움을 주고 영양소 역시
풍부하죠.

소고기 장조림

🍚 재료

소고기(홍두깨살) 2줌(240g)
물 2컵
간장 1/3컵
마늘 3개
대파 약간
올리고당 2큰술

1

소고기는 찬물에 담가 핏물을 빼주세요.

2

냄비에 물과 소고기, 마늘, 파를 함께 넣어 끓여주세요.

3

소고기가 익으면 마늘, 파는 건져내주세요.

4

간장과 올리고당을 넣고 졸여주세요.

닥터아빠의 Tip!

소고기는 아이들에게 부족하기 쉬운 철분이 많이 들어 있는 식품이죠. 특히 홍두깨살은 건강에 해로운 지방질이 적고, 단백질, 철분이 풍부하답니다.

좁쌀밥
부추 된장국
감자 조림
사과 무생채

사과 무생채는 198page 레시피를 참고하세요.

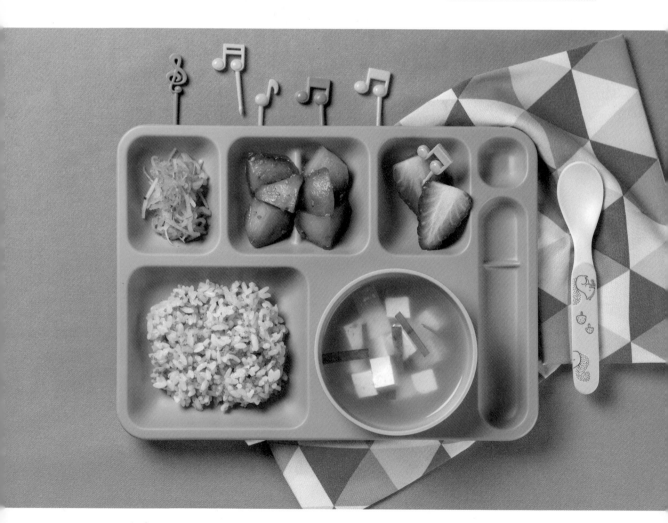

부추 된장국

🧺 재료

\# 부추 한 줌
\# 두부 조금
\# 양파 조금
\# 멸치다시마 육수 2컵
\# 된장 1큰술
\# 대파 조금
\# 다진 마늘 조금
\# 국간장 약간

1

부추와 양파, 두부는 먹기 좋은 크기로 썰어
주세요.

2

냄비의 멸치다시마 육수에 된장을 풀어주세
요.

3

대파와 다진 마늘을 넣은 후 국간장으로 간
을 맞춰주세요.

4

1의 재료들을 모두 넣고 보글보글 끓여주세
요.

닥터아빠의 Tip!

설사를 할 때 부추를 된장국에 넣어 먹으
면 효과가 있을 정도로 부추는 장을 튼튼
하게 해준답니다. 또한 비타민, 철분, 칼
슘까지 영양 만점이죠.

감자 조림

braised potatoes

🏷 **양념**
\# 간장 3큰술
\# 설탕 3큰술
\# 올리고당 1큰술
\# 통깨 약간

🔲 **재료**
\# 감자 2개
\# 물 1/2컵

1

감자를 깨끗하게 씻어 썰어서 준비해주세요.

2

냄비에 양념 재료와 감자를 넣어주세요.

3

물은 감자가 살짝 잠길 정도로 넣은 후 졸여주세요.

4

마지막으로 올리고당을 조금 뿌려 윤기를 낸 후 통깨를 뿌려주세요.

닥터아빠의 Tip!

감자에 풍부한 비타민 C는 다른 식품에 들어 있는 것과는 달리 열을 가해 조리해도 잘 파괴되지 않는답니다.

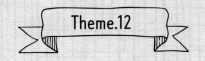
감기에 걸린 아이에게 도움을 주는 식판

기본적으로 열이 있을 때는 소화 기관이 제대로 작동하지 않기 때문에 소화가 잘 안 되는 음식은 피해주시는 게 좋답니다. 감기로 미열인 경우 수박이 도움을 줄 수 있답니다. 고열이 나는 경우에는 식욕이 많이 떨어져 거의 먹지 않을 겁니다. 이럴 땐 수분섭취에 일단 신경써주고, 열이 떨어지고 난 후 소고기죽, 전복죽, 닭죽 같은 회복 식품을 만들어 주세요.

야채죽
소고기 장조림
아기 김치

소고기 장조림은 211page 레시피를 참고하세요.

야채죽

🧺 재료

당근 조금
양파 조금
애호박 조금
감자 조금
참기름 조금
치킨 스톡 1컵
밥 1주걱

1

당근, 애호박, 감자, 양파는 깨끗하게 씻어 다져주세요.

2

냄비에 참기름을 두르고 1의 다진 모든 재료를 볶다가 치킨 스톡을 넣어주세요.

3

밥을 넣고 푹 퍼질 때까지 끓여주세요.

셰프의 Point!

만약 밥 대신 생쌀로 죽을 만들 때는 쌀을 미리 물에 불려두었다가 오랫동안 쌀이 퍼질 때까지 끓여주세요.

닥터아빠의 Tip!

대부분의 질병 상황과 그 회복기에 무난히 활용해볼 수 있는 야채죽입니다.

217

버섯 들깨죽
우엉 볶음
아기 동치미

우엉 볶음은 178page 레시피를 참고하세요.

버섯 들깨죽

 재료

표고버섯 2개
들깨가루 1큰술
멸치다시마 육수 1컵
참기름 조금
밥 1주걱

1

표고버섯을 먹기 좋은 크기로 잘라주세요.

2

냄비에 참기름을 두르고 버섯을 볶다가 멸치다시마 육수를 넣어주세요.

3

밥을 넣고 푹 퍼질 때까지 끓여주세요.

4

마지막으로 불을 끄고 들깨가루를 넣고 섞어주세요.

소고기 당근죽
진미채볶음
아기 김치

진미채볶음은 115page 레시피를 참고하세요.

소고기 당근죽

🍳 재료

\# 다진 소고기 1/2줌(50g)
\# 당근 조금
\# 비프 스톡 1컵
\# 참기름 조금
\# 밥 1주걱

1

당근은 껍질을 제거한 후 다져주세요.

2

다진 소고기는 물에 담가 핏물을 제거해주세요.

3

냄비에 참기름을 두르고 당근과 소고기를 볶다가 비프 스톡을 넣어주세요.

4

마지막으로 밥을 넣고 푹 퍼질 때까지 끓여주세요.

닥터아빠의 Tip!

소고기는 단백질을 비롯하여 다양한 미네랄과 무기질을 함유하고 있습니다. 열이 있는 아이들에게는 고기가 소화시키기 부담이 될 수 있으니 회복기에 만들어주세요.

닭고기 감자죽
우엉 볶음
아기 깍두기

우엉 볶음은 178page 레시피를 참고하세요.

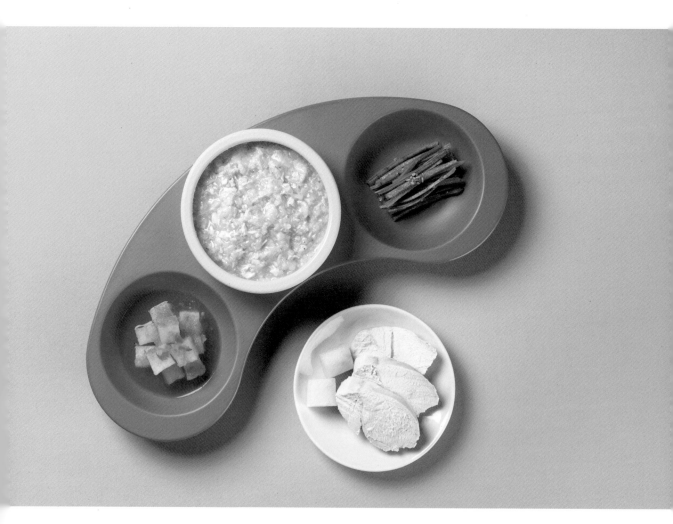

닭고기 감자죽

 재료

감자 1/2개
닭고기 안심 1/2줌(50g)
참기름 조금
치킨 스톡 1컵
밥 1주걱

1

감자는 껍질을 제거한 후 다져주세요.

2

닭고기 안심은 삶은 뒤 다져주세요.

3

냄비에 참기름을 두르고 감자를 볶다가 닭고기와 치킨 스톡을 넣어주세요.

4

마지막으로 밥을 넣고 푹 퍼질 때까지 끓여주세요.

 닥터아빠의 Tip!

감자는 영양도 듬뿍 들어 있지만 소화도 잘되는 식재료랍니다. 거기에 닭고기에 들어있는 영양까지 더해 아이의 회복을 빠르게 해주겠죠?

전복죽
소고기 장조림
아기 동치미

소고기 장조림은 211page 레시피를 참고하세요.

전복죽

재료

\# 전복 1개

\# 표고버섯 1개

\# 당근 조금

\# 호박 조금

\# 달걀 1개

\# 참기름 조금

\# 치킨 스톡 1컵

\# 밥 1주걱

1

표고버섯, 당근, 호박은 깨끗하게 씻어 다져주세요.

2

전복은 냄비에 찐 후 곱게 다져주세요.

3

냄비에 참기름을 두르고 1과 2의 모든 다진 재료들을 볶다가 치킨 스톡을 넣어주세요.

4

마지막으로 달걀과 밥을 넣고 푹 퍼질 때까지 끓여주세요.

닥터아빠의 Tip!

전복은 맛과 영양이 뛰어날 뿐만 아니라 비타민과 미네랄이 풍부한 식품이에요. 아이가 아픈 후 회복할 때 만들어 주시면 좋답니다.

아이가 식사를 마친 다음 치아를 관리하는 것은 매우 중요한데요. 아이들 치아는 음식물이 잘 끼게 된 구조여서 성인보다 충치가 생길 가능성이 더 큽니다. 사실 치아우식증(충치)은 감기만큼 흔한 질병이지만 한번 손상되면 원상태로 회복하기가 어렵습니다. 아이가 혼자서 스스로 완벽하게 입안을 칫솔질해 이를 깨끗하게 닦으려면 적어도 8세는 되어야 하거든요. 그러므로 부모님들은 아이의 구강 관리에 관심을 두고 규칙적으로 칫솔질하는 습관이 형성되도록 적극적으로 도와줘야 합니다.

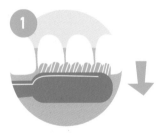

윗니의 바깥 쪽 표면을 칫솔로
부드럽게 닦아 주세요.

윗니의 안쪽 표면을 칫솔로
부드럽게 닦아 주세요.

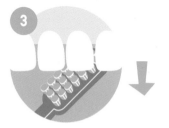

아랫니의 안쪽과 바깥 쪽
표면을 부드럽게 닦아 주세요.

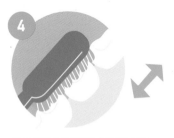

음식을 잘 분해하기 위해 음식을
씹는 부분을 깔끔하게 닦아 주세요.

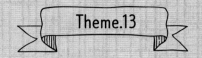
장염에 걸렸을 때 도움을 주는 식판

장염에 대처하는 가장 기본적인 방법은 금식입니다. 음식을 안 먹는 것이 가장 빠른 회복에 도움을 준답니다. 하지만 설사와 구토로 인한 체내 수분 손실이 문제입니다. 이럴 땐 찬물이 아닌 맑은 미음이 좋습니다. 설사와 복통이 거의 멎은 뒤에 아이 몸에 부담 없는 음식을 만들어주세요. 그 후 최소 2~3일은 자극 없는 음식 위주로 만들어 주세요.

맑은 미음

맑은 미음

 재료

물 1컵
쌀가루 1큰술

1

물 1컵과 쌀가루 1큰술을 준비해주세요.

2

냄비에 1을 넣고 잘 섞어주세요.

3

2가 끓어오르면 약불에서 뭉긋하게 끓여
주세요.

 닥터아빠의 Tip!

곡물을 껍질만 남을 정도로 푹 고은 것을
미음이라고 해요. 죽은 우리나라 곡물 음
식의 원초형으로 조리법이 비슷한 미음의
역사도 오래되었답니다. 쌀가루 대신 쌀
을 깨끗하게 씻어 불린 후 믹서에 곱게 갈
아 사용하셔도 좋습니다. 우리 아이가 아
플 때 뿐만 아니라 가족의 건강이 좋지 않
을 때, 맑은 미음은 심신의 안정을 돕는 데
큰 역할을 합니다.

전해질 음료

전해질 음료

 재료

\# 물 1/2리터
\# 설탕 2작은술
\# 소금 1/6작은술
\# 레몬즙 조금

1

물 1/2리터에 설탕, 소금을 넣고 저어주
세요.

2

1에 레몬즙을 조금 짜서 넣어주세요.

셰프의 Point!

전해질 액은 약국에서 구매하실 수도 있지
만, 직접 만들어 주는 것도 어렵지 않아요.
레시피처럼 레몬이 없다면 직접 짠 천연과
즙을 이용하시는 것도 좋은 방법이랍니다.
장염에 걸리면 체내의 수분과 전해질이 빠
져나가게 됩니다. 그렇다고 한 번에 너무
많이 마시면 탈수 현상을 가속시킬 수 있
으니 1회에 50ml 정도만 마실 수 있도록
옆에서 지도해 주세요.

electrolyte

우리 아이 칭찬하기

밥을 맛있게 먹은 아이에게 칭찬해보는 것은 어떨까요? 식사를 마친 다음 아이와 함께
식판에 예쁘게 색칠해 보세요. 건강한 아이를 위한 첫걸음은 바로 영양가 높은 음식과 충분한 칭찬일 테니까요.
제시된 식판 모두 색칠하면 아이에게 작은 선물을 주는 것도 더욱 뿌듯하겠죠?
부모님의 독특한 아이디어를 더한다면 가족 모두가 즐거운 식사 시간이 될 거에요.

흰쌀밥
들깨 미역국
닭다리 채소구이
멸치 아몬드 볶음

흰쌀밥
애호박 된장국
떡갈비
부추양파전

흰쌀밥
콩나물국
고등어구이
멸치 호두 볶음

잡곡밥
들깨 버섯국
소고기 호두 조림
감자채 볶음

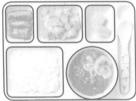

흰쌀밥
시금치 된장국
과일 탕수육
가지 장조림

흰쌀밥
들깨 미역국
안심 돈가스
과일 샐러드

현미밥
달걀국
돼지갈비찜
과일샐러드

검은콩밥
소고기 뭇국
버섯 닭 꼬치구이
건새우 호박 볶음

좁쌀밥
부추 된장국
감자 조림
사과 무생채

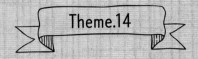

아이가 좋아하는 간식 만들기

간식을 주지 않으면 군것질을 자주하더라고요. 그래서 될 수 있다면 건강한 간식을 직접 만들어주려고 노력하고 있답니다. 간식을 주실 때 가장 좋은 방법은 식단에서 결핍된 부분을 간식으로 챙겨주는 방법인데요. 비타민이 부족해 보이면 간식으로 과일을, 칼슘이 부족해보이면 유제품을 간식으로 챙겨주세요. 맛은 물론 부족한 영양을 보완해주는 간식, 함께 만들어볼까요?

간장 떡볶이

출출할 때 간편하게 간장 떡볶이를 만들어주세요.
쫄깃하고 달콤해서 아이들이 좋아한답니다.
오늘은 간장 떡볶이 어떠세요?

간장 떡볶이

재료

\# 떡 한 줌
\# 어묵 1/2줌
\# 양파 약간

양념

\# 간장 1큰술
\# 꿀 1큰술
\# 참기름 1큰술
\# 물 2큰술

1

떡은 떼어서 찬물에 불려주세요.

2

어묵은 먹기 좋은 크기로 양파는 채를 썰어
주세요.

3

팬에 기름을 살짝 두르고 떡, 어묵, 양파를
구워주세요.

4

떡이 말랑해지면 양념을 넣고 저어주세요.

셰프의 Point!

꿀 대신 올리고당이나 물엿을 이용해도 좋
습니다.

리코타 치즈 샐러드

유청에서 단백질을 응고시켜 만든 리코타 치즈는 고단백 식품이면서
우유 속 많은 영양분이 담겨 있답니다.
샐러드와 함께 먹으면 부족한 식이섬유도 보충할 수 있어 더욱 좋겠죠?

리코타 치즈 샐러드

🍶 **재료**

\# 우유 6컵
\# 레몬즙 4큰술
\# 양상추 1/4개
\# 방울토마토 3개

1

우유를 냄비에 넣고 끓여주세요. 끓어오르기 전 작은 거품이 많이 생길 때 약불로 줄여주세요.

2

레몬즙을 넣어주고 살짝 저어주세요. 그리고 10분간 최대한 약하게 끓여주세요.

3

면포에 냄비 통째로 부어주면 치즈만 남고 유청이 빠져요. 물기를 짜주고 냉장고에 1시간 정도 넣어주세요.

4

양상추와 방울토마토는 깨끗하게 씻은 후 먹기 좋은 크기로 잘라주세요.

5

양상추와 방울토마토를 접시에 먼저 담은 후 리코타 치즈를 올리고 오리엔탈 드레싱을 뿌려주세요.

셰프의 Point!

아이가 좋아하는 각종 채소와 과일을 곁들여보세요. 첨가물 걱정 없는 홈 메이드 리코타 치즈 샐러드를 만들 수 있습니다. 오리엔탈 드레싱(올리브유 1큰술, 레몬즙 1큰술, 간장 1작은술, 설탕 1작은술)을 만들어서 뿌리면 더욱 맛있게 먹을 수 있답니다.

프렌치토스트

달걀과 우유가 많이 들어간 프렌치토스트는 맛도 좋지만
한 끼 식사대용으로도 좋답니다.
주말 아침식사로 과일이나 채소와 함께 프렌치토스트 어떤가요?

프렌치토스트

재료

\# 식빵 1개
\# 달걀 1개
\# 버터 약간
\# 딸기 약간
\# 블루베리 약간

1

식빵은 삼각형 모양으로 잘라주세요.

2

달걀에 우유를 조금 넣은 후 섞어주세요.

3

팬에 버터를 바르고 식빵은 2의 달걀 우유 물에 적셔 구워주세요.

4

딸기와 블루베리를 깨끗하게 씻어 함께 곁들여주세요.

셰프의 Point!

프렌치토스트와 함께 다양한 과일이나 요 거트를 곁들인다면 더욱 좋겠죠? 매우 간 편한 주말 아침을 보낼 수 있습니다.

바나나 푸딩

바나나에는 식이섬유가 많을 뿐만 아니라
팩틴이 들어 있어 장이 약한 아이에게 좋답니다. 설사를 자주하는 아이에게도 좋고요.
오늘 간식으로 바나나 푸딩 어때요?

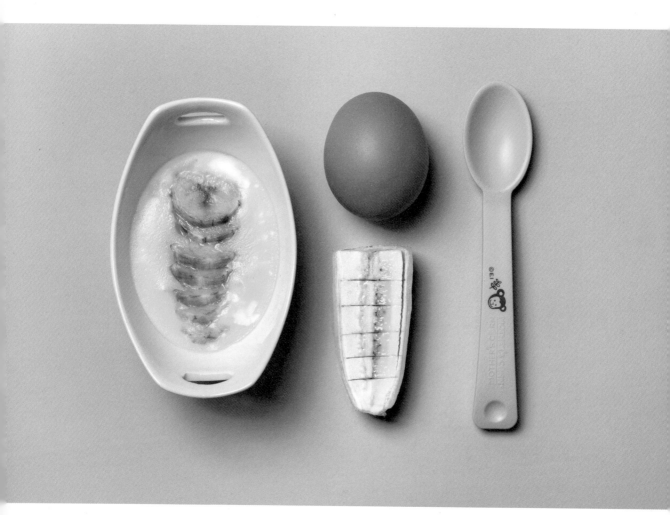

바나나 푸딩

 재료

\# 바나나 1개
\# 달걀 2개

1

바나나를 얇게 썰어주고 달걀을 풀어주세요.

2

중탕을 할 수 있는 그릇에 바나나를 먼저 담고 1의 달걀을 넣어주세요.

3

2를 넣어 중탕으로 익혀 주세요.

세프의 **Point!**

바나나를 으깬 후 달걀흰자를 제외한 노른자만 넣어 만들어줘도 좋아요. 달콤하면서 부드러워 아이들이 좋아한답니다. 중탕으로 익히는 게 힘드신 분들은 전자레인지를 이용하면 더욱 간편하게 만들수 있답니다.

오렌지 젤리

한천은 저칼로리 식품이면서 포만감을 길게 유지하게 해준답니다.
과일즙을 활용해 만든 젤리는 비만이 우려되는 아이들에게
맛 좋은 저칼로리 간식이 될 수 있겠죠?

오렌지 젤리

 재료

\# 오렌지 즙 3컵
\# 한천가루 10g

1

오렌지를 물과 함께 믹서에 넣고 갈아주
세요.

2

체반이나 면포를 이용하여 건더기를 걸러
내어 즙만 이용해주세요.

3

냄비에 오렌지 즙과 한천가루를 넣고 저어
준 후 불에 올려 한번 끓여주세요.

4

한번 끓어오르면 불을 끄고 식힌 후, 냉장
고에 넣어 1시간 가량 굳혀주세요.

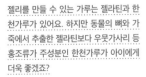

셰프의 Point!

젤리를 만들 수 있는 가루는 젤라틴과 한
천가루가 있어요. 하지만 동물의 뼈와 가
죽에서 추출한 젤라틴보다 우뭇가사리 등
홍조류가 주성분인 한천가루가 아이에게
더욱 좋겠죠?

단호박 양갱

단호박에는 비타민 A가 들어 있어 두뇌 발달과 시력 보호에 도움을 준답니다.
칼륨도 풍부해서 몸속 과도한 나트륨 배출에도 도움을 주죠.
아이가 짠 음식이나 과자를 많이 먹는다면 단호박으로 나트륨 배출을 도와주는 건 어떤가요?

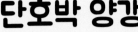

단호박 양갱

🎾 재료

단호박 한 줌
우유 1컵
한천가루 10g

🍯 시럽

설탕 3큰술
물 0.5컵

1

단호박 껍질과 씨를 제거해주세요.

2

끓는 물에 단호박을 넣어 익혀준 후 곱게 으깨주세요.

3

냄비에 곱게 으깬 단호박과 우유 그리고 한천가루, 시럽을 넣고 끓여주세요. 한번 끓어오르면 불을 꺼주세요.

4

틀에 부어 실온에서 10분 정도 굳힌 후 냉장고에 넣어 1시간 이상 굳혀주세요.

5

한 입 크기로 잘라주면 단호박 양갱이 완성된답니다.

셰프의 Point!

시럽 대신 우유에 설탕을 미리 넣어 풀어준 후 만들어도 좋습니다.

망고 판나콘타

망고에는 비타민 A와 베타카로틴이 풍부하게 들어 있어 두뇌 발달과 시력 보호에 도움을 주죠.
당근을 잘 안 먹는 아이라면 당근 대신 망고를 주셔도 좋답니다.
오늘은 망고 판나콘타 간식으로 어때요?

망고 판나콘타

재료

망고 1/2개
우유 1컵
설탕 1큰술
한천가루 2g

1

팬에 우유에 설탕을 넣고 저어주세요.

2

설탕을 탄 우유에 한천가루를 넣어준 후 저어가면서 거품이 보글보글 올라올 정도로 끓여주세요.

3

불을 끄고 용기에 담아 냉장고에 넣어 1시간 정도 굳혀주세요.

4

망고를 다져서 냉장고에서 굳힌 우유젤리 위에 올려주세요.

셰프의 **Point!**

망고 대신 아이가 좋아하는 과일로 토핑을 다양하게 만들어주면 더욱 좋겠죠?

키위 요거트 아이스크림

키위에는 풍부한 엽산과 비타민 E가 들어있어 아이들 두뇌 발달에 도움을 주죠.
여기에 칼슘, 인과 같이 뼈 성장에 도움을 주는 미네랄도 풍부하답니다.
날씨가 더운 날 건강한 과일 키위를 이용한 맛있는 아이스크림은 어떤가요?

키위 요거트 아이스크림

🍱 재료

\# 플레인 요거트 1개
\# 키위 1개

1

키위는 껍질을 제거하고 큐빅 모양으로 작게 잘라주세요.

2

플레인 요거트에 자른 키위를 넣어주세요.

3

냉동실에 넣어 1시간가량 얼려주세요.

셰프의 Point!

키위뿐만 아니라 아이가 좋아하는 다양한 과일을 이용하여 아이스크림을 만들어주세요. 시간에 따라 아이스크림의 굳기 정도를 조절할 수 있습니다.

딸기 바나나 스무디

비타민 C가 풍부하기로 유명한 딸기에는 안토시아닌, 라이코펜도 함께 들어있어
아이들 면역력 향상에 도움을 주죠. 딸기 먹으면 예뻐진다는 속설이 있을 만큼
피부 건강에도 도움을 준답니다. 오늘은 건강한 스무디 한 잔 어때요?

딸기 바나나 스무디

재료

\# 딸기 3개
\# 바나나 1/3개
\# 우유 1컵
\# 얼음 조금

1

딸기를 깨끗하게 씻어주세요.

2

바나나는 껍질을 벗기고 4등분으로 썰어주
세요.

3

모든 재료를 믹서에 넣고 갈아주세요.

셰프의 Point!

딸기 대신 계절에 맞는 다양한 과일을 넣
어도 좋습니다.

smoothie

블루베리 바나나 요거트 스무디

블루베리는 대표적인 슈퍼푸드로 안토시아닌이 많아 항산화 능력이 뛰어나죠.
눈과 뇌세포 건강을 도와주기 때문에 두뇌 발달에 좋은 간식이랍니다.

블루베리 바나나 요거트 스무디

🧺 재료

블루베리 5개
바나나 1/3개
우유 1컵
요거트 1/2컵
얼음 조금

1

블루베리를 깨끗하게 씻어주세요.

2

바나나는 껍질을 벗기고 4등분으로 썰어주세요.

3

블루베리, 바나나, 우유, 얼음을 믹서에 넣고 갈아주세요.

4

마지막에 플레인 요거트를 넣어 섞어주세요.

셰프의 Point!

블루베리 대신 다양한 계절에 맞는 과일을 넣어도 좋답니다. 요거트를 넣은 스무디는 냉동실에 얼리면 부드러운 아이스크림처럼 먹을 수도 있습니다.

고구마 라테

고구마는 칼로리가 낮고 포만감을 주기 때문에 다이어트 식품으로 주목받죠.
여기에 식이섬유가 풍부하고 나트륨 배출을 도와주는 칼륨까지 많아
아이들에게도 굉장히 좋은 식품이랍니다.

고구마 라테

🍞 재료

고구마 1개
우유 1컵
꿀 1큰술

1

고구마를 깨끗하게 씻은 후 삶아주세요.

2

껍질을 벗기고 곱게 으깨주세요.

3

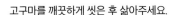

2의 으깬 고구마에 우유, 꿀을 넣고 믹서에
갈아주세요.

4

냄비에 넣고 한 번 끓여주세요.

셰프의 Point!

고구마를 곱게 으깨면 꼭 믹서에 갈지 않
고, 냄비에서 잘 젓기만 해도 맛있는 라테
를 만들 수 있답니다.

미숫가루 바나나 라테

미숫가루는 현미, 콩, 율무, 보리 등 다양한 곡식을 볶아 가루로 만든 것이에요.
재료에 따라 영양은 조금씩 다르겠지만 대체로 식이섬유가 풍부하고
비타민과 미네랄을 섭취할 수 있답니다. 소화도 잘되는 편이고요.
오늘은 미숫가루 바나나 라테 한 잔 어떠세요?

미숫가루 바나나 라테

🧺 **재료**

\# 미숫가루 2큰술
\# 바나나 1/3개
\# 우유 1컵

1

바나나 껍질을 벗기고 4등분으로 썰어주세요.

2

준비한 미숫가루, 우유, 바나나를 믹서에 넣고 갈아주세요.

셰프의 Point!

미숫가루는 전통적으로 여름을 대표한 음료에요. 삼국유사에 이와 관련한 기록이 남아있을 만큼이죠. 미숫가루는 쌀은 물론 다양한 곡식의 가루를 찌거나 볶아서 말린 것을 말해요. 예전에 미숫가루는 먼 길을 가야 하는 군인이나 여행객들에겐 필수품이나 다름없었어요. 재밌게도 미숫가루의 어원은 스리랑카의 '미수(가루를 내다)'에서 왔다는 설과 몽골어 무시(musi)에서 유래했다는 설로 나뉘어요. 우리 역사에서 미숫가루는 식사 대용으로 빠질 수 없었던 중요한 식자재였어요. 영양을 생각해서 레시피엔 미숫가루를 사용했지만, 초콜릿 파우더를 넣어도 좋아요.

에필로그

닥터유니

책을 통해 많은 부모님들이 꼭 알았으면 하는 영양소, 음식에 대한 이야기를 풀었습니다. 아무래도 한의원에 찾아오는 아이들은 주로 질환 뒤 회복기에 오거나 성장 발달 고민으로 찾는 경우가 많습니다. 그러다 보니 주로 덜 아프게 하는 법, 빨리 회복하는 법, 잘 크는 법 등을 알려 드리는 게 제 일이고 그 노하우들을 이 책에 많이 녹여내기 위해 노력했습니다.

아이가 아프지 않고 큰다면 그만한 복이 없겠지만 대부분 아이는 아파가며 나아가며 성장합니다. 어떻게 하면 덜 아플지, 더 성장할지 누구나 고민하지만, 답을 찾기는 쉽지 않습니다. 사람 몸은 하나인데 걸리는 병도 다양하고 챙겨 먹어야 할 것도 정말 많기 때문에 모두를 다 알 수는 없습니다. 이런 상황에서 아이가 아프거나 회복 중일 때 아이에게 도움을 줄 수 있는 책을 만들고자 노력했습니다. 이 책을 통해 그런 마음이 잘 전달되었으면 합니다.

책이 나오기까지 여러 방면으로 도와준 아이 엄마, 책 쓴다고 같이 시간을 많이 못 보낸 우리 딸, 원고 작업으로 태교를 해서 미안한 우리 아들 그리고 늘 잊지 않고 찾아주시면서 많은 임상경험과 책의 소재가 되어주신 환자분들께 깊은 감사의 인사를 드립니다.

이진원
바이플랜한의원장, 네이버 포스트 'Dr Uni' 운영자

박쿤

책을 몇 번 출간해봤지만 시작하기 전 항상 똑같은 고민을 합니다. "육아를 하면서 과연 내가 원고를 완성할 수 있을까?" 새벽잠을 줄여가며 원고를 쓸 때 옆에서 항상 힘이 되어준 아내가 없었다면 아마 이 책을 완성되지 못했을 겁니다. 그래서 항상 옆에서 응원해준 아내에게 제일 먼저 고맙다는 말을 하고 싶습니다. 그리고 우리 딸 하유, 하루하루 다르게 성장하는 모습을 보는 재미로 요즘 살아가고 있습니다. 특히나 작은 손과 작은 입으로 맛있게 식사를 하는 모습이 그렇게 귀여울 수가 없습니다. 작은 행동 하나 하나에 힘들었던 시간을 잊을 만큼 행복감을 느끼는 요즘, 왜 이렇게 빨리 크는지 어쩔 때는 시간이 느리게 갔으면 하는 마음이 들기도 합니다. 물론 육아를 하면서 매번 행복하다고 한다면 거짓말이겠죠? 말로 표현할 수 없을 만큼 힘듦이 있습니다. 많은 분들의 이야기를 들어보면 힘이 드는 이유 중의 하나가 바로 아이의 식습관인데요. 뭐든 잘 먹는다면 아무런 고민이 없겠지만 어디 이게 말처럼 쉬나요. 하지만 이 책을 통해 많은 분들에게 작게나마 도움이 되었으면 합니다. 밥투정, 반찬 투정 사라지는 그날이 오기까지 파이팅!!

마지막으로 며칠 전 50일이었던 우리 하루도 안 아프고 건강하게 자라줘서 정말 고맙고 그리고 항상 옆에서 응원해주시는 네이버 포스트 구독자, 인스타그램 팔로워 분들 모두 모두 감사합니다.

박현규
구미대학교 호텔관광항공조리학부 교수, 네이버 포스트 '남자의 육아' 운영자

세상 편한
유아식판식

초판 1쇄 발행 2018년 7월 26일
초판 10쇄 발행 2021년 7월 6일

지 은 이 | 박현규, 이진원
펴 낸 이 | 권기대
펴 낸 곳 | 베가북스
등   록 | 2004년 9월 22일 제2015-000046호
주   소 | 07269 서울특별시 영등포구 양산로3길 9, 201호
전   화 | (02)322-7241
팩   스 | (02)322-7242
e-Mail | vegabooks@naver.com
홈페이지 | www.vegabooks.co.kr
블 로 그 | http://blog.naver.com/vegabooks
인스타그램 | @vegabooks
페이스북 | @VegaBooksCo

ISBN 979-11-86137-72-7
이 도서의 국립중앙도서관 출판예정도서목록(CIP)은 서지정보유통지원시스템 홈페이지(http://seoji.nl.go.kr)와
국가자료공동목록시스템(http://www.nl.go.kr/kolisnet)에서 이용하실 수 있습니다.
(CIP제어번호: CIP2018021229)